"十二五"农民培训重点图书

● 北京市村级全科农技员培训教材

农产品质量安全

◎ 北京市农业局组织编写

郝建强　欧阳喜辉　主编

中国农业科学技术出版社

图书在版编目（CIP）数据

农产品质量安全 / 郝建强，欧阳喜辉主编. —北京：
中国农业科学技术出版社，2012.8
北京市村级全科农技员培训教材
ISBN 978-7-5116-1004-1

Ⅰ.①农… Ⅱ.①郝… ②欧阳… Ⅲ.①农产品—质量管理—安
全管理—技术培训—教材 Ⅳ.① F326.5

中国版本图书馆 CIP 数据核字（2012）第 169291 号

责任编辑　李　雪　史咏竹
责任校对　贾晓红　郭苗苗
出版发行　中国农业科学技术出版社
　　　　　北京市中关村南大街 12 号　邮编：100081
电　　话　（010）82106626　82109707（编辑室）
　　　　　（010）82109702（发行部）　82109709（读者服务部）
传　　真　（010）82109707
网　　址　http：//www.CASTP.cn
印　　刷　北京科信印刷有限公司
开　　本　880 mm×1230 mm　1/32
印　　张　7
字　　数　192 千字
版　　次　2013 年 2 月第 1 版　2017 年 1 月第 2 次印刷
定　　价　32.00 元

《北京市村级全科农技员培训教材》
编 委 会

主　　　任：	李成贵　　寇文杰　　马荣才
常务副主任：	程晓仙
副　主　任：	王铭堂　　尹光红　　李　雪
编委会委员：	武　山　　王甜甜　　张　猛　　初蔚琳
	郭　宁　　齐　力　　王　梁　　王德海
	郝建强　　廖媛红　　乔晓军　　张丽红
	魏荣贵　　潘　勇　　宫少俊　　姚允聪
	张显伟　　李国玉　　马孝生　　安　虹
	倪寿文　　贾建华　　赵金祥　　刘亚丰
	焦玉生　　吴美玲　　罗桂河　　朱春颖
	刘　芳　　王　巍　　王桂良　　刘全红
	伏建海　　李俊艳　　肖春利　　方宽伟
	张伯艳　　熊　涛

《农产品质量安全》
编 写 人 员

主　　编：郝建强　欧阳喜辉

副主编：张敬锁　佟亚东

编　　委：董文光　周绪宝　张　乐

庞　博　张　诺　伊　黎

序

现代农业发展离不开现代农业服务体系的支撑。在大力推进北京都市型现代农业建设过程中，基层农技推广体系在推广新品种、新技术、新产品，促进农业增效、农民增收、开发农业多功能性方面起到了重要作用。

为进一步促进农业科技成果转化、建立和完善基层农技推广体系，北京市委市政府决定从2010年起在每个主导产业村选聘1名全科农技员，上联专家团队、下联产业农户，以村为单元开展"全科医生"式服务。到2012年年底，在10个远郊区县设立2 172名村级全科农技员，实现全市60%远郊区县全覆盖，75%农业主导产业村全覆盖。通过近3年的试点探索，取得了一定的成效：一是明确了村级全科农技员岗位的工作职责和服务标准；二是全面开展了以公共知识、推广方法、专业技能三种类型的专项培训；三是加强了绩效考核，初步形成了以服务农户为核心的日常监管体系；四是探索创新了组织管理机制。几年来，全科农技员对本村农业产前、产中、产后进行技术指导与服务；调查、收集、分析本村农业产业发展动态和农户公共服务需求；带头示范应用新技术、新品种、新产品；以农民最容易接受的方式、最便捷的途径和最快的速度解决农民生产过程中的技术问题，成为了农民身边的技术员，形成了基层农技推广体系在村级的服务平台。

为提高村级全科农技员的技能水平和综合素质，北京市农业局组织编写村级全科农技员系列培训教材。该系列教材涵盖了农民亟须的职业道德、参与式农业推广工作方法、农业政策法规、农产品质量安全、农产品市场营销、计算机与现代网络应用等公共知识和种植、畜禽养殖、水产、农机、林果花卉等专业知识，致力于用通俗易懂的语言，形象直观的图片展示，实用的技术与窍门，最新的科技成果，形成一套图文并茂、好学易懂的技术手册和工具书，提供给全科农技员和京郊广大农民学习和参考。

北京市农业局党组书记　局长

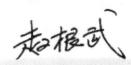

目录
CONTENTS

第一章
农产品质量安全概述

第一节
农产品质量安全的内涵

一、农产品质量安全的概念

农产品质量安全关系人民群众的身体健康，关系社会的和谐稳定，关系农业发展和农民增收。确保农产品质量安全，任重道远，必须从生产源头、生产过程、产地准出、市场准入等环节做好工作，需要农产品生产者、经营者和政府管理部门共同努力。在理解农产品质量安全概念之前，我们要先明确农产品的概念。

（一）农产品的概念

2006 年我国颁布实施的《中华人民共和国农产品质量安全法》（附录 1）里明确规定："农产品，是指来源于农业的初级产品，即在农业活动中获得的植物、动物、微生物及其产品。"

植物产品包括蔬菜、干鲜果品、谷物等。

动物产品包括肉、蛋、生鲜奶、蜂蜜、鱼、虾、蟹、贝等。

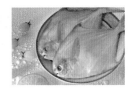

微生物产品包括菌类产品等，平时我们吃的木耳、香菇、平菇等都属于微生物产品。

（二）农产品质量安全的概念

农产品质量安全法中的农产品质量安全是指农产品质量符合保障人的健康、安全的要求。广义的农产品质量安全还包括农产品满足贮运、加工、消费、出口等方面的需求。从这个角度看，大家常说的农产品质量安全不仅仅指生产过程中的农产品安全生产，还包含了"从农田到餐桌"全程质量控制的理念。

（三）农产品质量安全水平的概念

农产品质量安全水平指农产品符合规定的标准或要求的程度。当前提高农产品质量安全水平，就是要提高防范农产品中有毒有害物质对人体健康可能产生的危害的能力。一般来说，农产品质量安全水平是一个国家或地区经济社会发展水平的重要标志之一。

二、农产品质量不安全的特点

由于农产品质量安全水平是指农产品符合规定的标准或要求的程度，这种程度可以是正的，也可以是负的。负的农产品质量安全水平，即农产品质量不安全具有几个明显的特点。

（一）危害的直接性

农产品的质量不安全主要是指其对人体健康造成危害而言。大多数农产品一般都直接消费或加工后被消费。受物理性、化学性和生物性污染的农产品均可能直接对人体健康和生命安全产生危害。

（二）危害的隐蔽性

农产品质量安全的水平或程度仅凭感观往往难以辨别，需要通过仪器设备进行检验检测，有些甚至还需要进行人体或动物试验后确定。由于受科技发展水平等条件的制约，部分参数或指标的检测难度大、检测时间长。因此，质量安全状况难以及时准确判断，危害具有较强的隐蔽性。

（三）危害的累积性

不安全农产品对人体危害的表现，往往经过较长时间的积累。如部分农药、兽药残留在人体积累到一定程度后，就可能导致疾病的发生并恶化。

（四）危害产生的多环节性

农产品生产的产地环境、投入品、生产过程、加工、流通、消费等各环节，均有可能对农产品产生污染，引发质量安全问题。

（五）管理的复杂性

农产品生产周期长、产业链条复杂、区域跨度大；农产品质量安全管理涉及多学科、多领域、多环节、多部门，控制技术相对复杂；加之我国农业生产规模小，生产者经营素质不高，致使农产品质量安全管理难度大。

三、危害农产品质量安全的三类来源

前面提到了农产品质量不安全的几个特点，那么危害农产品质量安

全有哪些来源呢？一般来说，主要分为三类来源。

（一）物理性污染

物理性污染是指由物理性因素对农产品质量安全产生的危害。如因人工或机械等因素在农产品中混入杂质或农产品因辐照导致放射性污染等。

（二）化学性污染

化学性污染是指在农产品生产、初加工、贮藏、运输等过程中因环境因素或使用化学合成物质对农产品质量安全产生的危害。如农田土壤、农灌水受污染，使用农药、兽药、饲料添加剂、保鲜剂、防腐剂等导致的残留。海南"毒豇豆"事件和"健美猪"事件都是由于化学性污染导致的农产品质量安全事件。

（三）生物性污染

生物性污染指自然界中各类生物性污染对农产品质量安全产生的危害。如致病性细菌、病毒以及某些毒素等。此外，农业转基因技术通过生物技术也可能导致质量安全问题。生物性污染具有较大的不确定性，控制难度大。

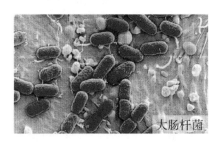
大肠杆菌

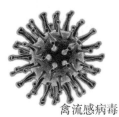
禽流感病毒

黄曲霉毒

　　2011 年席卷欧洲的"毒黄瓜"事件就是由于肠出血性大肠杆菌污染导致的，属于致病性细菌污染。大家熟知的禽流感是由禽流感病毒引起的，属于致病性病毒。导致花生变质的黄曲霉毒素是致病性毒素。

第二节
农产品质量发展的一般规律

一、农产品质量安全水平与社会经济发展水平相适应

农产品数量安全是保证人类生存的基本条件。随着经济的发展和社会的进步，当数量安全得到保障后，追求农产品的质量安全就成为必然。当社会经济发展到一定阶段后，需要对农产品质量安全水平的提高给予更多的关注、提供更有力的支撑。

世界农业发展的历史表明，农产品质量安全水平往往随着社会经济发展水平的提高而提升。我国农产品生产和消费大体经历了追求数量增长、强调数量与质量并重和在保证数量的基础上突出质量和效益三个阶段，这三个阶段与我国社会经济发展阶段也是密切相关的。

改革开放30多年，中国经济持续高速发展让全世界瞩目，成为世界第三大经济体，这也要求我国的农产品质量安全水平进一步提升，以适应我国经济大国的社会经济发展水平。

二、农产品质量安全水平与科学技术发展水平相适应

解决农产品质量安全问题需要多个学科、专业的技术和知识。随着现代工业和农业的发展，化肥、农药、兽药等农业投入品在农业生产中大量使用，造成农产品污染。在解决工业"三废"污染、净化农业生产环境和降低农业投入品污染过程中，科学技术起到了关键的作用。特别是现代科学技术成果的运用，农产品检验检测技术得到迅速发展，大幅度提高了检测精度和准确度，对农产品中的物理性危害、化学性危害已经基本能够做到及时发现并进行有效监控。近年来，农产品质量安全新问题时有发生，对农产品质量安全管理和技术提出了更高的要求。

三、农产品质量安全水平与消费者不断提高的生活水平相适应

经济规律表明，有效供给必须满足不断变化的市场需求。随着收入增加和消费水平的提高，人们健康意识和安全要求不断增强。纵观当今世界各国，越是经济发达、人们生活水平较高的国家，消费者的健康意识、安全意识、生态意识就越强烈，人们对农产品质量安全水平的要求也就越高。

恩格尔系数是国际上通用的衡量居民生活水平高低的一项重要指标，一般随居民家庭收入和生活水平的提高而下降。一般来说，当恩格尔系数在50%以上，人们主要关注的是农产品的数量安全；当恩格尔系数在40%～50%，人们逐步注重农产品的质量安全；当恩格尔系数降至40%以下，人们对农产品的营养、安全卫生水平要求更高。

改革开放以来，我国城镇和农村居民家庭恩格尔系数已由1978年的57.5%和67.7%分别下降到2011年的36.3%和40.4%。这表明我国消费者逐渐对农产品的营养、安全卫生水平的要求逐步提高，同时要求农产品农生产者要提高农产品安全生产水平，以生产出更多的安全农产品，满足消费者的需求。

四、农产品质量安全水平状况受制于生产经营的集约化程度

经济学原理表明，追求利润是经营者的第一目标，农产品的生产经营也不例外。由于农药、化肥、抗生素等化学或生物产品的投入，能大幅度提高产品产量和外观品质。在农产品质量安全监测手段不健全、市场监管不力的情况下，不规范投入品使用能够给生产经营者带来超额利润。如果这种行为未受到市场的惩罚，只要经济上合算，生产经营者自然乐于使用甚至超量使用这些化学品。

然而，分散与小规模的生产和销售行为，给标准化生产与市场监管

带来相当的难度，极易引发农产品的质量安全问题。研究表明，农产品生产与经营的集约化程度与农产品质量安全状况存在密切的相关关系，集约化程度越高，其质量安全状况相对来说也就越好。

近年来，在国家及地方各级政府的大力支持下，农业集约化程度逐步提升，农业企业及各种农民专业合作社探索出了一条农业实现规模化、集约化和市场化的有效途径。农业集约化水平的提升，推动了农业标准化的发展，为农产品质量安全水平的提升提供了技术保障。

第三节
我国农产品质量安全发展概况

一、农业部实施"无公害食品行动计划"

我国政府历来高度重视农产品质量安全工作。20世纪90年代农业发展进入数量安全与质量安全并重的新阶段，为进一步确保农产品质量安全，我国明确提出发展高产、优质、高效、生态、安全的农业目标。

根据国家统一部署，2001年农业部在全国启动实施了"无公害食品行动计划"，组织各级农业部门以蔬菜中高毒农药残留和畜产品中"瘦肉精"污染控制为重点，着力解决人民群众最为关心的高毒农药、兽药违规使用残留超标问题；以农业投入品、农产品生产、市场准入三个环节管理为关键点，推动从农田到市场的全程监管；以开展例行监测为抓手，推动各地增强质量安全意识，落实管理责任；以推进标准化为载体，提高农产品质量安全生产和管理水平。

经过10多年的发展，我国农产品质量安全保障体系日益完善，监管能力逐步增强，农业标准化水平显著提高，法律法规不断完善，以确保农产品质量安全为目标的服务、管理、监督、处罚、应急五位一体的工作机制逐步形成。《中华人民共和国农产品质量安全法》（以下简称农产品质量安全法）于2006年11月1日起施行，《中华人民共和国食品安全法》（以下简称食品安全法）（附录2）也于2009年6月1日起施行。

二、我国农产品质量安全总体状况

（一）农产品质量稳定在较高水平

2001年农业部按照国务院部署对省会城市（包括259个地市级以上）进行每年4次蔬菜、水产品、畜产品的例行监测，2008年至2011年第

三季度抽检合格率都保持在 96% 以上。2012 年第三季度，农业部共监测了 31 个省（区、市）150 个大中城市的蔬菜（含食用菌）、水果、畜禽产品和水产品等 4 大类产品 74 个品种 87 个参数，抽检样品 9 455 个。监测结果显示，蔬菜、畜禽产品和水产品的合格率分别为 98.0%、99.4% 和 97.1%，水果合格率为 98.2%。农产品质量安全总体保持较高水平。

"三品一标"快速发展。无公害农产品、绿色食品、有机农产品和地理标志农产品（简称"三品一标"），是政府主抓的四大品牌，也是中国农业部主推的 4 个官方质量标志品牌，官方认定的安全、优质农产品品牌。

截至 2011 年年底，全国已认定无公害产地 6.7 万多个，其中种植业产地 4.1 万多个，面积近 8.7 亿亩，约占全国耕地面积的 45%；认证无公害农产品近 7 万个，产品总量 3.7 亿吨。绿色食品企业总数达到 6 622 家，产品总数近 1.7 万个。农业系统认证的有机食品企业 1 300 多家，产品超过 6 000 个。登记保护农产品地理标志产品 835 个。"三品一标"产品总量已占全国食用农产品商品总量的 40% 以上，覆盖农产品及加工食品的 1 000 多个品种。2011 年，无公害农产品抽检总体合格率为 99.5%，绿色食品产品抽检合格率 99.4%，农业部系统有机食品抽检合格率 99.2%，农产品地理标志连续多年重点监测农药残留及重金属污染，合格率保持 100%。"三品一标"发展规模和质量水平的提升，反映了这些年我国农产品生产企业生产水平的提高，体现了规模化、产业化和企业化发展的成效。

农业部对农产品的例行监测结果及我国"三品一标"发展成效，体现了我国农产品质量稳定在较高水平。

（二）农产品依法监管格局基本形成

20 世纪 70 年代起，我国就开始注重加工食品产品质量安全监管。到 20 世纪 90 年代，广大农民质量安全意识淡薄，基本没有农产品质量安全的概念，农产品生产主要是解决总量供求平衡和吃饱的问题。2001 年无公害食品行动计划启动之后才开始关注产品安全、产品质量，才开始着手依法管理，经过 10 多年的努力，农产品的生产也像工业食品一样开始实施法制管理。目前也有相应法律和监管机构进行保障，《农产品质量安全法》和《食品安全法》相继出台，对农产品产地环境、投入品、生产过程、终端产品的上市提出了明确的要求。与此同时对农业投入品（肥料、农药、饲料、种子等）也都提出了相应的准入条件和生产使用要求，农产品生产过程中的标准化行为、合理使用行为以及上市的包装标识也都作出了相应强制性规定，《农产品包装和标识管理办法》（附录 3）也于 2006 年 6 月正式实施。农产品在开放生态条件下，影响老百姓生命健康的产品已经处于法制化的监管之下。

20 世纪末，农业部门只有生产队伍，主要考虑的是怎么种、怎么养，尽可能实现高产。2001 年起，农业部门开始着手建立逆向监管队伍。目前自上而下的农产品质量安全监管队伍基本建立，相应的安全优质农产品的推广体系基本构建。同时，农产品质量安全检验检测体系的建设已经纳入整个农业行政执法的重要技术支撑。

国家投入大量资金，建立检验手段，建立预警机制，明确危害因子，同时对已有生物毒素的危害程度进行科学的监测和评价。大多数农民经过培训和教育具备了基本的法律知识，知道了哪些是违法的、哪些是不能用的、哪些是要出毛病的、哪些是要满足不同需求的，按照市场规律办事。农业部这些年抓无公害食品行动计划，使广大农产品生产者有了最基本的质量意识、道德意识、责任意识。

（三）科学应对农产品质量安全突发事件

农产品质量安全突发事件的直接受害者是消费者，它往往给消费者身体健康造成一定伤害，甚至是生命危险。同时，由于事件的频繁发生，给经济社会造成的间接影响也相当严重。一是影响消费者信心，使消费者对很多农产品望而却步，进而影响一些无辜产品的销售和生产；二是给社会安定造成不良影响，甚至波及到居民对政府的信任度；三是给我国农产品出口带来阻力，严重影响到农产品的国际贸易和产品信誉。随

着我国农产品质量安全监管工作的不断加强，农产品质量安全保障体系进一步完善，特别是"无公害食品行动计划"实施以来，我国农产品质量安全水平有了明显提高。

近年来，我国农产品质量安全突发事件的特点表现为：无明显的季节性与地域性规律，事件暴发具有隐蔽性，有急性暴发也有慢性累积暴发，影响农产品质量安全的因素环节复杂。造成农产品质量安全突发事件的原因主要有：农产品产地环境污染，生产过程中违法使用禁用药物或用药行为不规范，市场交易方式落后及准入制度不严格，特殊情况下人为破坏易导致恶性事件。

目前，各级政府已建立了较为完善的农产品质量安全监测制度，探索建立了农产品质量安全风险监控制度，开展了农产品质量安全风险监测和评估工作。建立了以农产品质量安全风险监测和评估结果为依据的农产品质量安全预警制度，及时发现和消除农产品质量安全隐患。制定了较为完善的农产品质量安全应急预案，以农业部门为主体，逐步建立起了农产品质量快速反应机制，科学应对农产品质量安全突发事件。

（四）农产品质量安全风险仍存在隐患

虽然各级政府通过农产品质量安全风险监测和评估，建立了农产品质量安全预警制度，并科学积极应对农产品质量安全突发事件，但农产品质量安全事件仍时有发生。

农业部启动"无公害食品行动计划"时，就将蔬菜中高毒农药残留和畜产品中污染控制作为重点工作。但仍有食品安全事件发生，可见，我国农产品质量安全风险隐患依然存在，农产品质量安全工作仍需常抓不懈，需要各级政府、各相关部门的相互配合、齐抓共管，及时发现农产品质量安全隐患，采取措施及时纠正；尽可能将农产品安全事件处理在萌芽状态，降低对地域和行业的影响和损失；对于重大农产品质量事件，一经查实，依法严肃处理；各类媒体要依靠政府及科研机构，引导消费者正确对待农产品突发事件，避免造成消费者的非理性恐慌。

第四节
北京市农产品质量安全的发展概况

一、农产品质量安全水平明显提高

2000 年，北京市为加快全市农业结构调整和产业升级，保护农业生态环境，满足消费者对安全、优质、绿色食用农产品的需求，保障人民群众的身心健康，北京市率先在全国开展"食用农产品安全生产体系建设"。通过在食用农产品生产经营中全面推行食用农产品安全生产标准，规范农业投入品的使用，建立和完善食用农产品监管体系，使郊区食用农产品主产区及主要食用农产品达到本市提出的食用农产品安全生产标准。2001 年，农业部启动了"无公害食品行动计划"，北京市作为 4 个试点城市之一，列入全国农产品质量安全例行监测计划至今，全市农产品质量安全水平明显提高。2011 年，北京市农产品整体合格率达到 98.6%，在农业部 37 个城市的例行抽检中处于领先位置。

二、加大产地保护和监测力度

农产品产地安全是农产品质量安全的基本保障。为切实加强农产品产地环境管理，防治农产品产地污染，保护和改善产地环境质量，保障农产品质量安全，按照农业部的统一要求，北京市开展了农产品产地安全状况普查，摸清农产品产地安全质量状况，为开展产地划分和加强产地安全保护提供技术支撑。按照国务院的统一部署，开展了农业污染源普查工作。

从 1999 年开始，北京市对农田土壤环境质量实施长期定位监测，目前监测点位已达 155 个，覆盖了全市所有基本农田和种植类别。通过监测数据分析全市农田环境土壤质量状况，掌握农田土壤环境质量变化趋势，为土壤环境质量预警、土壤修复和种植业结构调整提供依据。同时

开展耕地污染监控和预警点位建设，推行农业清洁生产技术，保护农业生态环境。

三、强化农业投入品监管

近年来，北京市按照国务院和农业部的统一要求，陆续开展了农药及农药残留、兽药及兽药残留、饲料及饲料添加剂、水产品中药物残留专项监控计划，打击非法添加和滥用食品添加剂专项工作，深入开展农药、兽药、饲料及饲料添加剂执法检查，严厉查处违法销售、使用禁用药物和化学物质的行为。

农药监督管理方面，北京市通过农药连锁配送体系建设，进一步加大对甲胺磷、克百威等禁限用农药监管；做好春、夏、秋季和重要时段的农药打假专项治理工作，强化检打联动机制，重点抓好蔬菜安全用药工作。加大农药执法力度，2012 年出动执法人员 5 455 人次。

兽药监督管理方面，北京市试点开展兽药配送体系建设，规范兽药市场秩序，保证兽药质量。依据兽药日常监督评估状况、兽药残留监控、兽药抽检、假劣兽药和违法案件举报及查处等情况，及时调整并更新兽药生产、经营和使用监管对象的监管风险等级。加强兽药使用环节监管，以规模养殖场和集团化养殖场为重点，全面强化进口兽药、抗菌药物的使用管理和休药期的执行力度，严厉打击养殖环节违规用药行为。

通过以上措施，加强对农业投入品的监管力度，从生产源头上提升农产品质量安全水平。

四、例行监测制度不断完善

北京市结合农业部例行监测工作，形成全市农产品质量安全例行监测网络，覆盖范围和品种也不断扩大。目前已基本形成四级监测网络，农业部例行监测掌握全国农产品质量安全基本状况，市级监测为全市农产品质量安全风险预警提供技术支撑，区县监测重点在于控制辖区内生产基地农产品质量安全生产，重点生产基地和生产企业自检以保证产品质量安全。

监测覆盖范围和品种基本涵盖了北京市生产的主要农产品，检测项目也随着风险预警制度的建立逐渐不断增加。监测制度的不断完善，进一步强化了企业生产自律意识的提升，有力地推动了农产品质量安全监管向纵深拓展。

五、农业标准化能力显著增强

北京市认真贯彻落实农业部制定的农业国家标准和行业标准，结合北京市农产品生产实际情况制定北京市推荐性农业行业地方标准，引导企业制定适用于本企业的企业标准，将标准范围拓展到农产品生产全过程，内容延伸到加工、包装、贮运等各环节，基本建立起以国家和行业标准为主体，地方标准为配套，企业标准为补充的农业标准体系。

2002 年起，北京市启动市级农业标准化生产示范基地建设工作，连续 4 年被列入北京市政府在直接关系群众生活方面拟办的重要实事之一，2011 年，北京市通过对农业标准化基地实施分级动态管理，有 57 家被列为优级标准化基地，根据《北京市食品安全行动计划》，到 2015 年，北京市新建 400 个农业标准化基地，原料、投入品使用、生产环境和生产过程实施全程标准化控制，各生产环节标准化覆盖率达 100%。

六、农产品质量安全检验检测体系框架基本形成

在农业部和北京市的资金支持下，北京市基本形成市、区县、乡镇及企业三级农产品质量安全检验检测体系框架。该体系以市级、区县级检验中心为主体，以农产品批发市场、乡镇检测站、生产经营企业和农民专业合作社检测室为依托。

该体系建成后，本市将拥有 6 个市级专业质检中心、并配备市级流动检测实验室；在每个郊区县分别建成 1 个农产品质量安全综合检测站；在农业龙头企业、重点乡镇、大型农贸批发市场和蔬菜、畜禽生产基地，配备一批快速实用的农产品质量安全检测设备，保证生产源头产品的质

量安全。三级监测机构全部建成后，本市将实施多种形式、相互补充的检测制度，每年市级定量检测农产品样本不少于 1.5 万个，区县检测样本不少于 20 万个，企业检测样本不少于 40 万个。

七、安全优质的品牌农产品快速发展

目前，已经形成无公害农产品、绿色食品和有机农产品和农产品地理标志"三品一标"和谐发展的工作格局。优质品牌农产品市场占有率稳步提高，"三品一标"品牌农产品已成为北京市农产品生产的主体。

消费者对"三品一标"品牌认知度的提升、生产者对"三品一标"生产管理体系的认可、政府对"三品一标"认证和登记工作的政策支持，进一步提升了北京市农产品生产企业认证和登记的积极性，发展品牌特色产业已经成为农民增收的一条重要途径。

八、积极推进农产品质量安全可追溯制度建设

2004 年以来，农业部对农产品质量安全追溯制度进行了积极探索，北京市做为农产品质量安全监管试点城市先期开展了大量工作。在"进京蔬菜产品质量追溯制度试点"中实现了农产品的源头追溯和流向追踪，尤其在产品标签信息码的开发、管理、使用、查询等方面取得了很大进展。北京市在全国率先实施了蔬菜质量安全可追溯体系，实现了蔬菜产品从产地、生产、销售的全程质量安全追溯。

在农业部的统一要求下，北京市以标识管理为重点，全面推进"农产品标识行动"，狠抓农产品产地安全、农产品生产记录、包装标识和市场准入的全程可追溯管理；以主要种植业产品、畜产品和水产品为重点，在全国农业标准化示范区（场）、无公害农产品示范县、无规定动物疫病区以及主要农产品规模种养殖场，把质量安全可追溯作为实施农业标准化的重要考核内容，全面推进质量安全追溯管理；在推进可追溯制度建立的同时，加强监督管理，规范农产品标识，强化标识监督检查。

九、依法强化农产品质量安全行政执法

依法开展农产品质量安全监测和日常检查，加大对产地和市场的抽查力度，及时追溯不合格农产品生产源头，开展农产品质量安全法执法检查，严肃查处生产、销售不合格农产品的行为，提高农产品生产者和经营者的法律意识，确保农产品质量安全。

开展农产品质量安全执法专项行动，针对农产品质量安全存在的突出问题，集中开展专项整治活动，加大监测力度，及时消除隐患，有效防止重大农产品质量安全事件的发生。查处违法案件，维护市场秩序，保证消费者安全。

依法加强农产品质量安全执法队伍建设，切实提高基层执法能力，确保依法行政。目前，北京市各区县已基本农业综合执法机构，农产品质量安全相关执法人员 3 000 余人。

思考题：

1.农产品质量安全的重要性体现在哪些方面？

2.农产品质量安全水平还与哪些因素有关？

3.从消费者的角度如何对待媒体报道的农产品质量安全相关报道？

4.从实际的农产品生产感受农产品质量安全现状。

第二章
农产品产地安全

第一节
农产品产地安全的法律依据

一、《中华人民共和国农业法》

《中华人民共和国农业法》(以下简称《农业法》)将农业放在了发展国民经济的首位,确定了农业和农村经济发展的基本目标。《中华人民共和国农业法》第五十八条中明确规定"农民和农业生产经营组织应当保养耕地,合理使用化肥、农药、农用薄膜,增加使用有机肥料,采取先进技术,保护和提高地力,防止农用地的污染、破坏和地力衰退。"县级以上人民政府农业行政主管部门应当采取措施,支持农民和农业生产经营组织加强耕地质量建设,并对耕地质量进行定期监测。

二、《中华人民共和国农产品质量安全法》

《中华人民共和国农产品质量安全法》(以下简称《农产品质量安全法》)第三章进一步明确了农产品产地的相关规定:

县级以上地方人民政府农业行政主管部门按照保障农产品质量安全的要求，根据农产品品种特性和生产区域大气、土壤、水体中有毒有害物质状况等因素，认为不适宜特定农产品生产的，提出禁止生产的区域，报本级人民政府批准后公布。

禁止在有毒有害物质超过规定标准的区域生产、捕捞、采集食用农产品和建立农产品生产基地。禁止违反法律、法规的规定向农产品产地排放或者倾倒废水、废气、固体废弃物或者其他有毒有害物质。农业生产用水和用作肥料的固体废弃物，应当符合国家规定的标准。农产品生产者应当合理使用化肥、农药、兽药、农用薄膜等化工产品，防止对农产品产地造成污染。

三、《基本农田保护条例》

《基本农田保护条例》中明确规定，县级以上人民政府农业行政主管部门应当会同同级环境保护行政主管部门对基本农田污染进行监测和评价，并定期向本级人民政府提出环境质量与发展趋势的报告。向基本农田保护区提供肥料和作为肥料的城市垃圾、污泥的，应当符合有关国家标准。

四、《农产品产地安全管理办法》

《农产品产地安全管理办法》（附录4）是农产品质量安全法的配套法规，于2006年10月17日农业部公布实施，将农产品产地安全管理纳入法制管理轨道。

该办法从产地监测与评价、禁止生产区划分与调整、产地保护与监督检查等四个方面，对农产品产地安全给出了明确规定。

关于产地监测与评价的规定：一是县级以上人民政府农业行政主管部门应当建立健全农产品产地安全监测管理制度，加强农产品产地安全调查、监测和评价工作，编制农产品产地安全状况及发展趋势年度报告；二是应当在工矿企业周边、污水灌溉区、大中城市郊区及重要农产品生产区等设置国家级和省级监测点，监控农产品产地安全变化动态，指导农产品产地安全管理和保护工作；三是产地安全调查、监测和评价应当执行国家有关标准等技术规范。

关于禁止生产区划定与调整的规定：产地有毒有害物质不符合产地安全标准，并导致产品中有毒有害物质不符合农产品质量安全标准的，应当划定为农产品禁止生产区。划定禁产区由县级以上人民政府提出建议，并报省级农业行政主管部门批准。禁止生产区安全状况改善并符合相关标准的，县级以上地方人民政府农业行政主管部门应当及时提出调整建议，并按禁产区划定的程序执行。

关于产地保护的规定：积极推广农业清洁生产技术，发展生态农业，合理使用各种农用化学品；制定产地污染防治与保护规划；采取措施，对禁产区和其它污染严重的地区进行修复；禁止任何单位和个人向农产品产地排放或者倾倒废气、废水、固体废弃物或者其他有毒有害物质。

关于产地监督检查的规定：县级以上人民政府农业行政主管部门负责产地安全的监督检查，发现产地受到污染威胁时，应当责令致害单位或者个人采取措施，减少或者消除污染威胁。产地发生污染事故时，县级以上人民政府农业行政主管部门应当依法调查处理。

第二节
农产品产地安全的内涵

一、农产品产地安全的概念

（一）农产品产地

农产品产地安全管理办法中的农产品产地是指植物、动物、微生物及其产品生产的相关区域，包括种植业和养殖业。

（二）农产品产地安全

农产品产地安全管理办法中的农产品产地安全是指农产品产地的土壤、水体和大气环境质量等符合生产质量安全农产品要求。

通常所说的农业环境是指影响农业生物生存和发展的各种天然的和经过人工改造的自然因素的总体，包括农业用地、用水、大气、生物等，是人类赖以生存的自然环境中的一个重要组成部分，属中国法定环境范畴。

农业环境是以农业生物为中心事物的，保护对象是农业生物，农业环境由气候、土壤、水、地形、生物要素及人为因子所组成。当前中国农业环境质量的突出问题是环境污染和生态破坏，农业环境是保障农业发展的重要条件，农业环境的好坏直接关系到农产品的安全和农业的可持续发展。

二、农产品产地安全的重要性

（一）农业可持续发展的基础

农产品产地安全主要就是农业环境质量问题，而目前农业环境质量问题已成为世界性的突出环境问题之一。农业是我国国民经济发展的基础，农业生态环境又是农业和农村经济发展的基础。农业生态环境的优劣直接关系到农业和农村经济的兴衰。保护农业生态环境就是保护农业生产力，就能促进农业的可持续发展。改革开放以来，我国农业取得了巨大成就，农业生态环境的建设功不可没。但是，随着我国现代经济的快速发展，我国农业生态环境的形势还相当严峻，农业的可持续发展受到生态环境的严峻挑战。

农业持续发展是指采取某种使用和维护自然资源的基础的方式，以及实行技术变革和机制性改革，以确保当代人类及其后代对农产品需求得到满足，这种可持久的发展（包括农业、林业和渔业）维护土地、水、动植物遗传资源，是一种环境不退化、技术上应用恰当、经济能够维持、社会能够接受的农业。农业可持续发展的最基本要求是保护资源和环境。

我国农业生态环境存在着很多问题，比如，土地沙漠化和荒漠化、水土流失、农业用水资源匮乏、土地盐碱化和环境污染等，严重地阻碍了我国农业的可持续发展，它违背了可持续发展所倡导的公平性原则和持续性原则，对农业可持续发展产生了极大的负面影响。

在发达国家，对持续农业较为统一的提法是低投入持续农业或综合农业或高效持续农业。由于生产管理技术水平的制约，现代农业投入物的浪费是十分惊人的。通过普及有效的农业施肥、病虫害防治技术，提高农民的知识水平，并正确地应用到生产实践中去，可以从管理途径上大大减轻农业生产对环境的负面影响。

（二）农产品质量安全的源头

农产品产地环境作用于农产品生产培育的全过程，直接影响农产品品质和质量安全，具有举足轻重的作用。农产品产地安全是农产质量安全的重要保证，是首要条件。然而，随着我国经济社会的快速发展，导致自然生态环境的不断恶化，直接影响了农产品产地环境质量。同时农业生产中肥料、农药、兽药、饲料、饲料添加剂、动植物激素等的广泛过量应用，在促进农产品产量大幅度增长的同时，也带来了农产品质量安

全的隐患。加之工业"三废"和城市生活垃圾对农业生产环境的污染，使农产品产地环境质量受到了前所未有的影响，主要表现在土壤污染，水质污染和大气污染等方面。农产品产地对农产品质量影响具有持久性、复杂性、特异性、隐蔽性、滞后性和难以祛除性等特点。

第三节
影响农产品产地安全的因素

农产品质量安全问题的源头控制关键是产地安全。产地的农业环境质量主要包括土壤、农业用水和大气质量等。工业"三废"和生活污染物排放以及农用化学品大量施用使我国农田土壤、农区水系和大气质量严重退化，从而影响到农产品质量安全。

一、工业废弃物与城镇生活污水、垃圾

近年来，尽管我国政府加大了对工业废弃物与城镇生活污水及垃圾的治理力度，但这些污染物的排放对农业环境影响依然存在，特别是工业污染物及城镇生活污水、垃圾的随意排放，已成为农业环境污染的最重要的原因。

据统计，2005年北京市工业废水总排放量为1.28亿吨，占全市废水排放总量的12.7%，工业废水达标排放率为99.4%，重复利用率95.0%。北京市工业废气排放量为3 532亿标准立方米，工业废气中二氧化硫去除量4.70万吨，排放量10.55万吨；工业烟尘去除量25.01万吨，排放量1.77万吨；工业粉尘去除量12.85万吨，排放量3.25万吨；二氧化硫、烟尘和粉尘达标排放率均达到97%以上。

2005年北京市工业企业共产生废弃物1 238万吨，其中危险废弃物10.6万吨；工业废弃物排放量9.14万吨，废弃物综合利用率67.8%，处置率31.5%。，按保守估计，工业废弃物等不可避免地会进入产地环境，所带来的危害也是不言而喻的。

工业废弃物中还有一个值得引起注意的是矿山尾矿、废水的排放，对周边产地环境质量的影响。同时北京作为特大城市，大量城市生活污水（再生水）在农业上使用，也需要值得关注。

工业废水

生活污水

二、农业化学投入品污染

在农业生产过程中，为了提高产量和效益，农用化学品的使用已是十分普遍，尤其农药、化肥和地膜等使用不断呈上升趋势。农业投入品是指在农产品生产过程中使用或添加的物质。包括种子、种苗、肥料、农药、兽药、饲料及饲料添加剂等农用生产资料产品和农膜、农机、农业工程设施设备等农用工程物资产品。据研究，当今世界55%的农产品产量是靠使用化肥而获取的，而农药的使用，使农业每年挽回的损失是其总产量的1/3以上，但随着农药和化肥等农业化学品用量逐年增加，特别是不合理使用，已成为农业环境污染的重要来源。

（一）农药污染

农药对环境污染主要来自两方面，即田间喷施农药及农药厂的"三废"排放。农药对于农业是十分重要的，但由于长期滥用农药，使环境和农产品中的有害物质大大增加，危害到生态和人类，形成农药污染。施入农田的农药，由于地表水的流动，降雨或灌溉，流入沟渠、江河，污染水域，危害水生生物，特别是高毒高残留的农药，已成为农村地表水污染的主要污染物。有研究表明，美国明湖用DDT防治蚊虫，湖水中含DDT 0.02 mg/L，湖内绿藻含DDT 5.3 mg/kg，为水中的265倍，最后在食肉性鱼体中含量高达1 700 mg/kg，富集到85 000倍。

不合理使用农药可能对农业环境中的农田土壤、农业用水和农田大气造成污染。

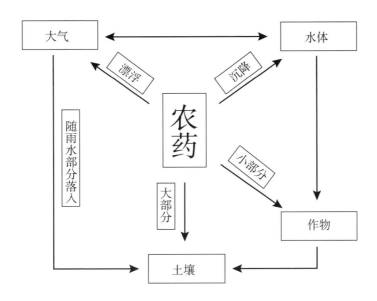

农药对农业用水的污染，一是通过沉降污染地表水，二是通过渗漏和地表水与地下水的交换，污染地下水。

农药对大气污染主要来源于林业或卫生、农业上喷撒农药时产生的漂浮物，尤其是气雾弹、烟剂或飞机施药。农作物、土壤和水体中残留农药的挥发也可以造成大气污染。农药的飘尘在风的平流等作用下，可越过高山、海洋，到达世界各个角落。空气中的农药漂浮物也可能随着雨水降到地面，污染地表水，或通过渗漏和交换污染地下水。

田间施药时大部分农药落入土中，同时附着在作物上的那部分农药，有时也因风吹雨淋落入土壤中，这是造成土壤污染的主要原因。一部分被植物和土壤动物及微生物吸收；一部分通过物理化学及生物等作用在土壤环境中消失、转化和钝化；一部分则以保持其生物活性的形式残留在土壤中。

农药对土壤系统不良影响表现为：对土壤动物危害（蚯蚓等），影响土壤肥力和结构；对微生物种群和数量的影响，进而影响生态系统的物质循环，改变营养物质的转化效率，使土壤生态系统整个功能下降。违

规使用农药而引发的农产品质量安全事件仍时有发生，农药日益成为社会公众关注的焦点问题。农药用得好，是个宝，可以防治病虫害，提高农产品产量；用得坏，是个害，残留超标，影响农产品质量安全，妨碍生态安全。

（二）肥料污染

施用肥料，能提高农作物的产量，改善农产品品质，提高土壤地力和改良土壤。如果肥料长期施用不当，会造成肥料的流失、富集和挥发，从而引起环境污染，导致生态系统失调。我国化肥施用量大，利用率低，对土壤、水体、大气环境污染严重，影响农业的持续发展。主要表现在以下几个方面。

1. 肥料过量施用对农田土壤的污染

主要表现为土壤重金属和有毒元素有所增加，产生污染的重金属主要有 Zn、Cu、Co 和 Cr。从化肥的原料开采到加工生产，总是给化肥带进一些重金属元素或有毒物质，其中以磷肥为主。

目前我国施用的化肥中，磷肥约占 20%，磷肥的生产原料为磷矿石，它含有大量有害元素 F 和 As，同时磷矿石的加工过程还会带进其他重金属 Cd、Hg、As、F，特别是 Cd。另外，利用废酸生产的磷肥中还会带有三氯乙醛，对作物造成毒害。

研究表明，无论是酸性土壤、微酸性土壤还是石灰性土壤，长期施用化肥还会造成土壤中重金属元素的富集。如长期施用硝酸铵、磷酸铵、复合肥，可使土壤中 As 的含量达 $50 \sim 60$ mg/kg。随着现代畜牧业的发展，饲料添加剂应用越来越广泛，饲料添加剂往往含有一定量的重金属，这些重金属随畜粪便排出，以有机肥料的形式进入土壤，对土壤造成污染。

随着进入土壤有毒元素的增加，土壤中有效有毒元素含量也会增加，作物吸收有毒元素的量随之增加，从而影响人类健康。土壤酸化加剧，长期施用化肥加速土壤酸化。一方面与氮肥在土壤中的硝化作用产生硝酸盐的过程相关。首先是铵转变成亚硝酸盐，然后亚硝酸盐再转变成硝酸盐，形成 H^+，导致土壤酸化；另一方面，一些生理酸性肥料，比如，磷酸钙、硫酸铵、氯化铵在植物吸收肥料中的养分离子后，土壤中 H^+ 增多，许多耕地土壤的酸化和生理性肥料长期施用有关。长期施用 KCl，因作物选择吸收所造成的生理酸性的影响，能使缓冲性小的中性土壤逐渐变酸。

氮肥在通气不良的条件下，可进行反硝化作用，以 NH_3、N_2 的形式进入大气，大气中的 NH_3、N_2 可经过氧化与水解作用转化成 HNO_3，降落到土壤中引起土壤酸化。化肥施用促进土壤酸化现象在酸性土壤中最为严重。土壤酸化后可加速 Ca^{2+}、Mg^{2+} 从耕作层淋溶，从而降低盐基饱和度和土壤肥力。土壤养分失调，从土壤养分平衡和持续利用等方面着眼，可以清楚地看到化肥的高浓度化既带来了经济效益的提高又带来了新的问题，即大量高浓度肥料的使用，增加了作物产量，同时也加大了土壤中微量元素的耗竭。

大多数中低浓度的化肥品种中就含有大量的中微量元素，且价格低。如过磷酸钙和钙镁磷肥等低浓度化肥，其中不仅是含磷，还含有中量元素 Ca、S、Si 等，对于农田中量元素归还是不可忽视的。随着高浓度肥料的发展，中低浓度肥料生产量逐年减少，中量元素被作为杂质淘汰了，归还的来源相对减少，加之普遍采用高产品种后，作物对养分需求量提高，中、微量元素的需求量也相应提高，从而出现了农田中、微量元素的亏缺问题。

长期大量地使用氮肥特别是大量施用铵肥，铵离子进入土壤后在其硝化作用的过程中释放出氢离子，使土壤逐渐酸化。铵离子能够置换出土壤胶体微粒上起联结作用的钙离子，造成土壤颗粒分散，从而破坏了土壤团粒结构。致使土壤严重板结，最终丧失了农业耕种价值。

2.肥料过量施用对水体的影响

施肥对水体的污染主要由肥料中的营养元素（特别是氮素营养）和有害物质随降水和土壤水分运动进入水域造成的。大量施用化学肥料是导致农作物种植区域水体污染的主要原因。水体富营养化导致水生植物如某些藻类过量增长，其死亡以后腐烂分解，耗去水中的溶解氧，使水

体脱氧，引起鱼、虾、贝大量窒息死亡；使水质变差，并进一步产生恶臭，失去饮用价值，甚至不能用于农田灌溉。

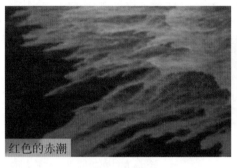

红色的赤潮

太湖蓝藻

3. 肥料过量施用对大气影响

与大气污染有关的营养元素是氮。长期大量施用氮素化肥，必然会对大气产生污染。氮肥对大气的污染主要有氨的挥发，反硝化过程中生成的氮氧化物的挥发。氮氧化物对大气的臭氧层有破坏作用，是造成地球温室效应的有害气体之一。在温室大棚中，如果氮氧化物浓度过高，会产生酸雾对植物产生伤害，表现为叶片脱色，并伴有细胞皱缩和焦枯，在潮湿条件下或在夜间要比干燥或白天受害程度重。未充分腐熟的有机肥如果施在土表会散发恶臭，施入通气不良的土壤中会产生甲烷、硫化氢等有害气体，这对大气也会产生一定污染。

（三）农膜污染

从 20 世纪 70 年代起，我国引进了地膜覆盖技术，农用地膜使用量和覆盖范围一直呈现大幅度上升态势。地膜覆盖栽培具有显著提高地温、增强光照、保水抗旱、提高肥效、保持土壤疏松、防治病虫害、抑制灭草等多种功能，能有效地综合调节作物生长条件，提高作物产量，扩大了农作物种植区域，对我国农业产生了积极作用。

但随着地膜应用范围的扩大，其副作用也随着显现出来，尤其是土壤中残留地膜的不断累积已经带来了一系列的负面影响，大量的残留地膜破坏土壤结构、影响作物正常生长并造成农作物减产。地膜的使用统计表明我国地膜使用量从1991年的31.9万吨增加到2008年的107.8万吨，年均增长率达7.9%；覆盖面积从1982年的11.7万公顷增加到2008年1 561.3万公顷，是1982年的覆盖面积的133倍，地膜使用量和覆盖面积持续增加。

由于地膜是一种聚乙烯加抗氧化剂制成的高分子碳氢化合物，具有分子质量大、性能稳定、自然条件下可长期在土壤中残留等特点，残留地膜对农业生产及环境健康都具有极大的副作用，特别是对土壤和农作物生长发育的影响尤为重要。

残留在地表的农膜

残留在土壤中的农膜

1. 残留地膜对土壤的影响

由于地膜不易分解的特性，残留在农田土壤中的地膜对土壤特性会产生一系列的影响，最主要的是残留地膜在土壤耕作层和表层将阻隔土壤毛细管水和自然水的渗透，影响土壤的吸湿性，从而影响农田土壤水分运动产生阻碍。同时残留在土壤中地膜使土壤孔隙度下降、通透性降低，这将在一定程度上破坏农田土壤空气的循环和交换，更进一步影响土壤微生物的正常活动，降低土壤肥力水平，还可能导致地下水难以下渗，造成土壤次生盐碱化等。

2. 残留地膜对农作物的危害

残留地膜对农作物的毒害作用，农用地膜数属聚烯烃类化合物，在生产过程中需添加邻苯甲酸 -2- 异丁酯等作为增塑剂，邻苯甲酸 -2- 异

丁酯等具有挥发性，可挥发到空气中，通过植物的呼吸作用由气孔进入叶肉细胞，破坏叶绿素并抑制器形成，危害植物生长。残留地膜对农作物生长发育的影响，残留地膜的聚集阻碍土壤毛细管水的运移和降水的渗透，对土壤体积、土壤孔隙度、土壤的通气性和透水性都产生不良影响，造成土壤板结，地力下降。残膜破坏了土壤的理化性状，必然造成作物根系生长发育困难，影响作物正常吸收水分和养分，从而影响作物生长和产量。

造成地膜污染的主要成因有材料的难降解性，决定了存在累积的风险性；产品质量不达标，造成地膜强度不够，易破碎，回收困难；回收残膜意识淡薄，回收技术手段落后，再利用的效益低；市场管理体系混乱，地膜污染的控制缺乏严格的监管机制。

第四节
农业化学投入品污染防治技术和措施

一、农药污染的防治

（一）病虫草害综合防治，减少化学农药的使用

采取农业防治、物理防治、生物防治等综合防治措施，减少化学农药的使用。

农业防治措施：采用抗病品种、合理轮作、合理间作、调整播期、高垄栽培、地膜覆盖、污染物剔除、无病毒苗木、合理施肥（增施有机肥）、及时通风散湿、科学浇水（滴灌）、田园卫生、套袋技术等，创造不利于病虫害发生的环境条件、提高植株抗病能力，减轻或控制病虫害发生程度。严格植物检疫制度，控制危险性病、虫、草传播蔓延。

物理防治措施：如人工防治、害虫诱杀（如黄板诱蚜、灯光诱虫、毒饵、诱饵、糖醋液、性诱剂）等。

生物防治措施：天敌的开发利用和保护，天敌的引进；生物及生物源农药；种植陷阱植物；应用颉抗微生物；使用性引诱剂诱杀等。

生态防治措施：用调整生态的方法来控制病虫害的发生情况，如物种间的相互作用、果树生草栽培技术、降低环境湿度等。

（二）研制使用低毒农药，减少农药残留量

为减少农药残留，人们对高效、低毒、低残留农药的研制十分重视，一些可被生物降解的农药相继研制成功，并在生产中得到应用。在实际生产过程中，尽量选择高效、低毒、低残留农药；选择矿物源农药；选择生物源农药；尽量选用专化性药剂（保护天敌）；选择无"三致"农药（致畸、致癌、致突变）；禁用慢性毒性农药；注意农药的"安全间隔

期"；注意农药的"残留标准"（终端市场不同，标准不同）；注意农药的"使用次数"。

（三）加强农药安全知识的宣传，合理用药

利用一切宣传媒体，普及农药、植保知识，做到对症下药，有的放矢地用药，注意用药的浓度与用量；采取提高药效的措施以降低用药量，提倡农药科学合理的混用；农药销售部门要做好农药的合理调配。

我国已颁布《农药安全使用标准》和《农药合理使用准则》，对主要作物和常用农药规定了最高用药量或最低稀释倍数，最高使用次数和安全间隔期。只有生产者和科技人员对合理用药的重视，才能真正做到节约成本、提高药效，防止因农药过量和不合理使用造成环境污染。

（四）加强对农药的生产经营和管理

我国发布的《农药管理条例》中规定由国务院农业行政主管部门负责全国的农药登记和农药监督管理工作。同时还规定了我国实行农药生产许可制度。未取得农药登记和农药生产许可证的农药不得生产、销售和使用。

对于禁用农药，应采取强制措施。通过市场净化（流通领域）、定期检查、严厉打击（销售、使用）等措施，杜绝禁用农药的流通与使用。对于限用农药，主要为加强宣传，依靠自觉为主，结合产品检测进行监督。

二、肥料污染的防治

（一）加强有机肥料的管理与无害化处理

有机肥是我国传统的农家肥，包括秸秆、动物粪便、绿肥等。施用有机肥能够增加土壤有机质、土壤微生物，改善土壤结构，提高土壤的吸收容量，增加土壤胶体对重金属等有毒物质的吸附能力。有机肥使用是扩散和反复传染病原体及寄生虫的载体。有机肥因为原料来源不同，可能存在着安全风险，应加强监测和管理。引进推广秸秆腐化新技术，

做好秸秆综合利用工作，提高利用率。加强规模养殖条件下畜禽粪便合理利用的研究，通过技术引进和开发，采取高温堆肥、发酵等无害化处理，减少各种病原体和寄生虫的数量和种类，使有机肥中的养分有效化，利于作物吸收利用。

（二）控制施肥总量，实施平衡配套施肥

各种肥料都有一个合理施用量，而并不是肥料施用得越多，增产越多，收益越高，因此要充分利用现有的配方施肥技术成果，实行"测、配、产、供、施"一条龙的平衡配套施肥技术。推广配方施肥技术可以确定施肥量、施肥种类、施肥时期，有利于土壤养分的平衡供应，减少化肥的浪费，避免对土壤环境造成污染。通过生产和施用作物专用肥来调节不同营养元素的比例和数量，达到有机无机配合，氮素与其他元素合理配比，从而控制施肥总量，减少肥料损失和对农业环境的污染，提高肥料利用率。

（三）增加化肥科技含量，引进施肥方法

一般化肥都是速效性的，存在着肥料施用与作物需求之间的矛盾，因此要把速效性化肥变成缓效或控释肥料，使有效养分缓慢释放出来与作物需要相一致。改进施肥方法，使养分能够充分被作物吸收，减少养分淋失、反硝化等，从而减少施肥对环境的污染。

（四）加强土壤肥料监测和管理

严格化肥中污染物质的监测检查，防止化肥带入土壤过量的有害物质。制定有关有害物质的允许量标准，用法律法规来防治化肥污染。

三、地膜污染的防治

（一）加强地膜生产企业及市场监管，提高地膜产品质量

地膜质量是影响地膜回收的重要因素，首先要保证地膜质量，才能

实现有效回收。我国在 20 世纪 80 年代初期地膜厚度为 0.014 毫米，但为了降低成本，获得更大的经济利益和迎合市场需求，目前市场实际生产销售的地膜厚度大多在 0.005 ～ 0.006 毫米，甚至更薄，导致地膜强度低、易老化破碎，回收十分困难。

因此，控制地膜污染，必须要强化地膜产品和销售市场监管，要求农用地膜生产企业和经销企业按照国家强制性标准进行生产和经营，从源头规范和限制超薄和劣质地膜的生产和销售，提高地膜质量，从源头控制地膜污染的形成。

（二）促进节约型地膜使用技术，减少地膜投入量

推广一膜多用技术。在不影响作物生产的前提下，适当减少地膜的田间覆盖度，从而达到少用地膜、少污染的目的。通过作物轮作倒茬以及农作制度的改变，减少地膜总的覆盖量。

（三）提高残膜的回收质量和回收率

开发常规地膜替代产品，减少可能污染源，加强宣传教育，提高环保意识，制定回收利用的激励政策。

思考题：

1. 国家对农产品产地安全有哪些具体要求？
2. 农产品产地安全的重要性体现在哪些方面？
3. 有哪些影响农产品产地安全因素？
4. 农业生产中如何做到产地安全？

第三章
农产品安全生产

案例：天翼草莓的生产的质量安全控制

"用优秀草莓品种打开北京的市场，用北京市场养育发展中的企业，用企业去建设一个具有中国一流管理水平的草莓生产基地，用草莓生产基地去发展草莓种植加工产业。"

——天翼公司草莓战略

企业简介： 北京天翼生物工程有限公司，成立于2001年，位于素有"北京后花园"美誉的昌平区，是一家利用现代科技发展农业为主，集商品化科研开发、规模化育种育苗、产业化生产加工、网络化推广服务和集团化连锁经营为一体的高科技农业综合企业。公司曾先后被列为国家级农业综合项目开发区、北京市农业标准化生产示范基地、中国草莓学会科研推广示范基地，2006年被评为北京市级观光农业示范园，北京市定点观光采摘果园，北京农业观光示范园等称号。公司生产的绿色食品草莓，远销香港、泰国等东南亚国家和地区。优良的品种、先进的技术、精美的包装、标准化的生产、产业化的经营曾先后得到了国家及北京市领导的高度赞赏。同时，天翼公司积极发挥农业龙头企业的引

导、带动和示范作用，促进了当地草莓产业的发展，是 2012 年世界草莓大会承办单位之一。

质量控制措施：

——技术保障

自建育苗基地：建成国内最大的专业育苗生产基地之一，选用脱毒苗栽培，减轻病原菌在土壤里的累积。

合理轮作倒茬：坚持每年用玉米进行轮作倒茬，有效预防了病虫害的发生。

注重培肥地力：每年亩施有机肥 2.5 吨，草莓基地有机质含量达到 3% 以上。

病虫综合防治：明确基地主要病虫草害，预防为主，综合防治，降低化学农药用量。

——制度保障

员工激励制度：按棚室确定生产者，"多劳多得、优质优价"，同时预防病虫害蔓延。

员工成长计划：技术人员一线实践，"不断培训，效益激励，优胜劣汰"，技术人员在实践中成长，逐渐成为行业专家。

内部培训制度：定期组织员工培训，开展技术技能比武，全面提高员工技术素质。

监督检查制度：不定期检查，指导员工持续改进，检查结果做为部门主管考核依据。

——标准化生产

建立标准化管理文件，落实各项生产技术操作规程。

通过一系列的质量控制措施，天翼公司以企业市场影响力带动农民参与草莓种植，将兴寿地区镇建成北京市闻名的"草莓"生产基地，协助昌平区政府申办了 2012 年世界草莓大会，带动周边农户共同致富，昌平区草莓采摘价格平均每千克 80 元。

第一节
农产品安全生产的法律依据

一、《中华人民共和国农业法》

2003 年 3 月 1 日起正式施行的《农业法》中明确规定：国家采取措施提高农产品的质量，建立农产品质量标准体系和质量检验检测监督体系，按照有关技术规范、操作规程和质量卫生安全标准，组织农产品的生产经营，保障农产品质量安全。

国家支持依法建立健全优质农产品认证和标志制度。符合国家规定标准的优质农产品可以依照法律或者行政法规的规定申请使用有关的标志。符合规定产地及生产规范要求的农产品可以依照有关法律或者行政法规的规定申请使用农产品地理标志。

该法中还明确规定了农产品生产中的动植物疫病的防治措施、投入品的生产经营许可制度、农产品流通与加工中的质量安全控制和农业资源与农业环境保护等具体内容。

二、《中华人民共和国农产品质量安全法》

2006 年 11 月 1 日《农产品质量安全法》正式实施。该法是保障我国农产品质量安全，维护公众健康，促进农业和农村经济发展的一部专业法规。

《农产品质量安全法》在《农业法》的基础上，进一步明确了农产品及农产品质量安全的概念，明确了各级人民政府及农业行政主管部门在农产品质量安全管理中的职责。国家建立健全农产品质量安全标准体系。

《农产品质量安全法》规定了农产品产地安全相关要求。县级以上人民政府应当采取措施，加强农产品基地建设，改善农产品生产条件，根据农产品品种特性和生产区域大气、土壤、水体中有毒有害物质状况等

因素，提出禁止生产的区域，报本级人民政府批准后公布。禁止在有毒有害物质超过规定标准的区域生产、捕捞、采集食用农产品和建立农产品生产基地。禁止在农产品产地违法违规排放或倾倒废水、废气、固体废物或其他有毒有害物质。农产品生产者应合理使用农业投入品，防止对产地造成污染。

《农产品质量安全法》对农产品安全生产也进行了规定。各级农业行政主管部门应当制定保障农产品质量安全的生产技术要求和操作规程。对可能影响农产品质量安全的农业投入品依法实施许可制度，农产品生产企业和农民专业合作经济组织应当建立农产品生产记录，农产品生产者应当依法合理使用农业投入品。

《农产品质量安全法》还对农产品包装和标识进行了规定，明确了包装物或标识上应当标注的产品的品名、产地、生产者、生产日期、保质期、产品质量等级等内容。使用的保鲜剂、防腐剂、添加剂等材料应当符合国家有关强制性的技术规范。转基因农产品应当按照农业转基因生物安全管理的有关规定进行标识。需检疫的动植物及其产品应当附具检疫合格标志、检疫合格证明。禁止无公害家产品及其它农产品质量标志。同时施行的《农产品包装和标识管理办法》（附录3）对农产品包装和标识管理进行了详细的规定。

三、相关法律法规

不同行业针对本行业生产的具体情况，以《农业法》为基础，制定了本行业的法律法规。

（一）种植业

与《农产品质量安全法》同时施行的《农产品产地安全管理办法》对农产品产地管理进行了详细的规定。明确了农业部负责全国农产品产地安全的监督管理，规定了产地监测与评价、禁止生产区划定与调整、产地保护及监督检查等农产品产地管理的具体要求，从源头上保障了种植业农产品的质量安全。

1997 年发布、2001 年修订的《农药管理条例》对农药登记、生产、经营、使用和监督管理做出了详细的规定，以保护农业、林业生产和生态环境，维护人畜安全。2002 年农业部发布了《农药限制使用管理规定》，明确了在一定时期区域内，为避免农药对人畜安全、农产品卫生质量、防治效果和环境安全造成一定程度的不良影响而采取的措施。规定了农药限制使用的申请、审查、批准和发布的具体程序。

2000 年，农业部发布了《肥料登记管理办法》，规定了肥料登记申请、审批和管理的具体要求，以保护生态环境，保障人畜安全、促进农业生产。

对农业和肥料制定的法规和规章，进一步从生产环节规范投入品的使用，保障农产品的质量安全。

（二）畜禽养殖业

与种植业农产品生产相比，我国畜禽养殖业的法律法规体系更为完善。

1997 年，我国就制定了《中华人民共和国动物防疫法》，规定了动物疫病的预防、控制和扑灭的具体要求，同时规定依法对动物、动物产品实施检疫，并对动物防疫工作进行监督。2006 年 7 月 1 日施行的《中华人民共和国畜牧法》规定了畜禽资源保护、种畜禽品种选育与生产经营、畜禽养殖、畜禽交易与运输、质量安全保障等具体内容。

《兽药管理条例》《饲料与饲料添加剂管理条例》规定了畜禽养殖过程中的主要农业投入品的管理规定。在此基础上，农业部发布了《兽药进口管理办法》《兽药生物制品经营管理办法》《兽药标签和说明书管理办法》《兽药经营质量管理规范》《饲料添加剂和添加剂预混合饲料生产许可证管理办法》和《动物源性饲料产品安全卫生管理办法》等一系列规范兽药、饲料和饲料添加剂管理的部门规章，进一步规范畜禽养殖业中投入品的合理安全使用。

除了对投入品进行规范外，国家还对特定农产品生产制定了相关的

法规。2008年8月，我国实施了《生猪屠宰管理条例》，实行生猪定点屠宰，集中检疫制度。同年10月，我国实施了《乳品质量安全监督管理条例》，进一步加强了对乳品质量安全的监督管理，以促进我国奶业的健康发展。11月，农业部制定了《生鲜乳生产收购管理办法》，进一步明确了生鲜乳生产、收购和运输的具体规定，以保证生鲜乳的质量安全。

此外，农业部2006年实施了《畜禽标识和养殖档案管理办法》，加强了对畜禽标识和养殖档案管理，建立了畜禽及畜禽产品可追溯制度，规范了畜牧业生产经营行为，有效防控重大动物疫病，保障畜禽产品质量安全。

由此可见，畜禽养殖业的法律法规最为完善。从结构看，包括了国家法律、行政法规和部门规章。从内容看，包括了投入品管理、特定农产品生产、标识和记录管理等内容。

（三）渔业

渔业生产是最早进行法律管理的行业。早在1986年，我国就施行了《中华人民共和国渔业法》，2004年经修订后重新公布，规定了渔业资源的增值、保护、开发和合理利用的具体要求。2003年，农业部制定了《水产养殖质量安全管理规定》，对养殖用水、生产、渔用饮料和水产养殖用药作出了详细的规定。

（四）其他

近年来，我国政府高度重视农产品质量安全，2007年7月，国务院公布了《国务院关于加强食品等产品安全监督管理规定的特别规定》，进一步明确了生产经营者、监督管理部门和地方人民政府的责任，加强各监督管理部门的协调、配合，加强食品等产品安全监督管理，保障人体健康和生命安全。

第二节
农产品安全生产的内涵

一、农产品安全生产的概念

（一）安全生产

《辞海》中将"安全生产"解释为：为预防生产过程中发生人身、设备事故，形成良好劳动环境和工作秩序而采取的一系列措施和活动。概括地说，安全生产是指采取一系列措施使生产过程在符合规定的物质条件和工作秩序下进行，有效消除或控制危险和有害因素，无人身伤亡和财产损失等生产事故发生，从而保障人员安全与健康、设备和设施免受损坏、环境免遭破坏，使生产经营活动得以顺利进行的一种状态。安全生产是安全与生产的统一，其宗旨是安全促进生产，生产须安全。

（二）农产品安全生产

简单的说，农业生产领域中的安全生产就是农产品安全生产。也就是说，农产品安全生产是指在农产品生产过程中，生产者采取符合法律法规要求和国家或相关行业标准的农事操作，以保证农产品质量的安全、生产者的安全和生产环境的安全。

要确保农产品的质量安全，就要求遵循"从农田到餐桌"的全程质量控制理念，在农产品生产的产前、产中和产后各个阶段，针对影响和制约农产品质量安全的关键环节和因素，采取物理、化学和生物等技术措施和管理手段，对农产品生产、贮运、加工、包装等全部活动和过程中危及农产品质量安全的关键点进行有效控制。

二、农产品生产中的安全问题

2001年农业部实施"无公害食品行动计划"以来，我国农产品质量

安全水平明显提升，生产者的安全生产意识和消费者的安全消费意识明显加强，但农产品质量安全事件仍不时发生，农产品生产过程中仍然存在着一些问题。

（一）客观存在的问题

1. 农户分散经营，投入品监管难度大

我国农产品生产经营分散、生产规模小、随意性大、组织化程度低、农户应用农业新技术水平差异大，缺乏生产过程的监控。生产过程中，农户缺乏有效的组织化管理，信息来源渠道少，不能及时了解应用新理念和新技术，也不知道国家禁止使用哪些投入品，容易受其他农户影响。

农户分散生产，农业投入品使用不统一，尤其是种植业农产品生产。农户为了降低生产成本，受一些违规农资店的影响，在不知情的情况下购买使用"三无"农药或禁用农药。农户在使用这些农药时，不仅造成自家生产的农产品质量不安全，也会由于农药的漂移导致周边农户生产的农产品受到污染。

近年来，政府鼓励和支持农业合作组织建设，在一定程度上提升了生产经营组织化程度，但短期内仍然无法转变农户分散经营的现状。北京市在全市范围内实施农药连锁配送制度，但仍然有农户从周边地区购买"三无"农药或禁用农药。

进一步提升农产品生产经营组织化程度，加强农业服务体系建设，强化农业投入品监管，是农产品安全生产的源头。

2. 科研储备不足，技术推广难度大

我国农产品质量安全方面的科研工作没有与农业生产技术的研究相分离。有关农产品质量安全的研究主要是针对某一阶段突出的问题研究解决的措施，对农产品质量安全的前瞻性研究储备不足，而一些国外引进的新技术与我国的实际生产情况不符，还需要进一步的消化吸收，这种状况在实际工作中表现为"头疼医头、脚疼医脚"。

在技术推广方面也存在着新技术难于推广的问题。由于科研储备不

足，农产品质量安全技术相对滞后，一些推广技术与实际生产相脱节，加上农业推广体系存在的问题，使得一些生产技术推广难度大，推广成本高。

加强农产品安全生产预警和评价工作，指导农产品安全生产技术研究，扩大相关技术千辛万苦储备，进一步完善农业技术推广体系，是农产品安全生产的技术保障。

（二）主观意识的问题

1. 生产者安全生产意识淡薄

为了提高农产品质量安全，国家制定了相关的法律法规，也出台了相应的监管措施，旨在提高生产者安全生产意识，控制农产品生产各个环节，保障消费者身体健康。而一些生产者长期受传统农业生产的影响，缺少社会监督和自我约束机制，为了眼前利益，片面追求产量和经济效益，忽视质量，特别是质量安全。加之市场需求和企业在利益下的误导进一步引导生产者明明知道违规，却依旧不安全生产。"健美猪"事件中，由于市场需要瘦肉型猪肉，企业高价收购"健美猪"，猪贩子为了获得非法利益，为养殖户提供国家禁止使用的"瘦肉精"，养殖户在利益驱动下，漠视质量安全，将饲喂"瘦肉精"的生猪高价出售，自己吃的却是不喂"瘦肉精"的普通猪。提高生产者安全生产意识，规范企业安全生产行为，是农产品安全生产的基础。

2. 农产品安全生产监管不力

2000 年以后，国家高度重视食品安全，尤其是农产品质量安全，农业部门也启动了"无公害食品行动计划"。相关法律法规也对各级政府的农产品质量安全监管责任进一步明确。而一些地区的农产品质量安全监管部门为了本地区、本行业、本部门的利益，一些执法者为了个人利益，将农产品质量安全监管当成了部门增收、个人发家的有效途径。"健美猪"事件中一方面暴露了养殖户、猪贩子及生产企业的违规行为，更重要的是暴露了农产品质量安全监管部门的监管不力。检疫部门违规发放检疫

证明、检疫人员对私屠滥宰熟视无睹、执法人员"收黑钱"，这一系列的行为助长了"健美猪"产业的发展。强化监管部门职责，规范执法人员行为，是农产品安全生产的制度保障。

三、农产品安全生产的重要性

（一）保障生产者的自身安全

安全农产品是生产出来的，生产者直接参与到农产品的实际生产中。农产品生产过程中不可避免的要使用农药、肥料等农业投入品，生产者如果不按照安全生产的要求进行操作，就会造成对自己的伤害。如施用农药的人员没有按规定采取安全防护措施，有可能导致施药人员中毒。一些生产者将剩余药液随意倾倒，就会污染农田土壤，进而污染农产品，生产者在食用这些农产品后，可能食物中毒事件。所以说，生产过程中遵循安全生产相关要求，不仅是对消费者负责，同时也是对生产者自己负责。

（二）保障消费者的身体健康

农产品作为人类生存的必需品，其质量安全直接关系到全人类的健康和安全。在农业生产中，农药、兽药、化肥、饲料、添加剂、激素和抗生素等农业化学投入品的使用是保证农业丰收和农产品优质的重要手段。但是，片面地追求产量，不科学地使用农药等农业化学投入品，将会造成农产品中有毒有害物质超标，进而影响到加工食品的质量安全。近年来，我国因食用有毒有害物质超标的农产品及食品引起食物中毒的事件时有发生。只有在农产品生产环节有效控制产地环境、安全使用农业投入品、实现农产品的全过程控制，才能够生产出安全的农产品供消费者食用，保障消费者的身体健康。

（三）国家农业现代化水平的体现

农业现代化是指从传统农业向现代农业转化的过程和手段。概括的说，农业现代化是用现代工业装备农业、用现代科学技术改造农业、用现代管理方法管理农业、用现代科学文化知识提高农民素质的过程；是建立高产优质高效农业生产体系，把农业建成具有显著效益、社会效益和生态效益的可持续发展的农业的过程；也是大幅度提高农业综合生产能力、不断增加农产品有效供给和农民收入的过程。农产品安全生产要求通过农业管理新理念和农业生产新技术的应用和推广，提升农业生产者的安全生产意识和农产品质量安全水平，实现农业增效和农民增收。同时通过农产品的安全使用，保护生态环境，实现农业的可持续发展。也就是说，农产品安全生产体现了一个国家农业现代化的水平。

第三节
种植业农产品安全生产

一、品种选择

目前我们在生产实践中的栽培作物都起源于野生植物，根据人类的需要，经过长期的栽培、驯化和人工选择形成了现在栽培的品种。在生产中要根据当地的自然环境、生产目标、栽培设施、病虫害发生、市场需求等选择不同的作物品种。

按当地的自然环境可以选择抗旱品种、耐盐碱品种、不同成熟期的品种等；按生产目标可以选择高产品种、优质品种、适于加工的品种等；根据当地的栽培设施可以选择早熟品种、耐高温品种、密植品种等；按当地常年病虫害发生情况可以选择抗病品种、抗虫品种等；按市场需求可以选择鲜食品种、耐贮运品种等。

一些本地的品种虽然受到产量低等因素的影响，但当地品种大多由于独特的自然环境形成了独特的品质，因当地的人文历史因素而具有较高的知名度，具有明显的价格优势，在生产中也可以选择当地品种种植，实现低产高效的目标。

总之，在种植农作物前，要考虑各方面的因素，不要盲目选择品种，可多向当地的种子销售部门或农业技术推广部门咨询，选择适于自己种植的品种。

二、健康栽培

栽培是农作物生产的重要环节。健康的栽培方式不仅可以培育健壮的作物植株、控制病虫害的发生、降低农药使用量从而保护农业生态环境，还可以降低肥料、农药等农业投入品的使用、节约生产成本、实现增收的目的。健康栽培要做好以下几项工作。

（一）适宜的生长条件

农作物安全生产首先要有适宜的生长条件，要保证作物生长对光照、温度、湿度、水分等环境要素的需求。

农作物生长离不开阳光。作物把吸收的太阳光的辐射能经过光合作用转化为化学能储存在作物体内。作物对光照的需求主要表现在光照的数量（光强）和光谱成分（光质）两个方面。根据不同作物对光照强度的要求不同，将作物分为了喜阴作物和喜光作物。种植密度影响着光照强度。不同波长的光谱对作物有不同的作物。可见光是光合作用的主要能源，红外光促进作物茎秆伸长，紫外光有明显的造型作用。

温度决定了农作物生长好坏、发育快慢、产量高低、品质优劣等重要因素。作物完成某一发育期或整个生命过程，要求一定的热量积累，通常用大于或等于0℃及大于或等于10℃期间的温度总和即"积温"值来表示。如不同成熟期的玉米生育期所需的≥10℃的活动积温不同，一般早熟玉米需2 100～2 200℃，中早熟品种需2 300～2 400℃，中熟品种需2 500～2 700℃，晚熟品种则需3 000℃以上。北京的平原地区10℃以上积温在4 100℃以上，海拔800米以上山区小于2 900℃。

水是作物生命存在的必要条件，一切生命活动必须在适宜的水分状况下进行。各种形态的水，如雨、雪、霜、露、水气和土壤水分等对作物的产量、品质，对农业的环境条件和农业生产具有重要意义和影响。我国水资源贫乏，北京地区缺水严重，水资源紧缺已成为农业发展的严重限制因素。近年来，北京市开展节水农业的示范与推广工作，结合其他栽培措施，既节约了农业用水量，同时通过控制栽培环境的湿度，也起到了降低病虫害发生的作用。

（二）合理的栽培方式

农作物的栽培方式多种多样。

1. 直接栽培和育苗移栽

按对作物苗期的处理方式可分为直接栽培和育苗移栽两种方式。直

嫁接苗

接栽培的特点是省工、根系壮、植株生长旺盛，抵抗病害和不良环境的能力强。育苗移栽的特点是可以节约苗期所用耕地，并有利于抢农时。育苗移栽可选用自根苗，也可以培育嫁接苗解决连作障碍的问题。

2. 露地栽培和保护地栽培

按作物栽培的条件不同可分为露地栽培和保护地栽培。露地栽培，根据当地的自然条件，选择相适应的作物种类和品种，其生长和发育过程，对环境条件的要求与季节变化一致，从种到收一直在露地大田里进行。保护地栽培，是在露地不适宜于作物生长的季节，采用保护设备创造适宜环境栽培作物的方法：如寒冷气候下的保护地栽培可用温室、塑料薄膜棚、温床、风障、窖室等；炎热气候下可用荫棚等。

3. 有土栽培和无土栽培

按栽培与土壤的关系可分为有土栽培和无土栽培。有土栽培是一般的栽培方式。无土栽培则是一种特殊栽培方法和研究手段；栽培时不用土壤，一般仅用化学肥料或化学试剂配成营养液以满足作物所需的无机盐类。无土栽培又分为水培（作物生长于水溶液中）和砂培（作物生长在砂砾中）两种。

此外，还有集约栽培、蔬菜工厂化栽培，地面覆盖栽培等方式。

生产者可以综合自然环境、种植习惯和市场需求等因素，选择合理的种植方式。北京市冬季日光温室种植草莓就是通过选择栽培方式避开病虫害高发时期，既降低了农药使用量、保证了草莓质量安全，同时也错开草莓上市季节，迎合首都市民元旦至五一期间休闲采摘的需求，提高了草莓的生产效益。

（三）合理的种植密度

种植密度是农作物单位面积上的种植株数。直接栽培方式一般由单位面积穴数和每穴苗数决定，育苗移栽方式一般由定植的行距和株距决定。

合理的种植密度在获得群体充分发展的同时，保持了单株的良好发育，协调处理好个体、群体与生长环境关系，使个体健壮，群体合理，以充分利用水分、养分和光能，最后获得高产。

如种植密度过小，每一个体虽有足够的营养面积，光和空气也比较充足，能保证个体发育良好，单株产量高。但由于群体小，株数少，土地利用不经济，光能浪费也大，单位面积产量不会高。反之，植株密度过大，单位面积上种植株数增多，虽然群体中株数多，土地与阳光均得到了充分的利用，但每一个体营养面积缩小，田间通风透光条件差，个体发育受到限制，植株生长细弱，易发生病害，单株产量少，单位面积产量也不会高。因此，种植密度须与有关因素相适应，做到合理密植。既充分利用地力与光能，又能保证作物群体与个体均得到正常发育、协调生长，在获得高产的同时，合理控制病虫害的发生，提高农产品质量安全水平。

（四）合理的轮作制度

轮作是在同一块田地上，有顺序地轮换种植不同作物的种植方式。

1. 轮作换茬的作用

（1）合理利用土壤肥力

作物种类不同，从土壤中吸收利用各种养分的数量和比例差异较大。在同一地块上连续栽培对土壤养分吸收相同的作物，久而久之，就会使土壤中某些营养元素得不到充分利用，导致土壤营养成分比例失调，影响作物的正常生长和产量及品质的提高。通过轮作换茬，把对土壤养分要求不同的作物交替栽培，可以比较均衡、充分有效地利用土壤中的养分。

不同作物根系的生长和发育也存在较大差异，有深根性和浅根性作物之分。浅根性作物，根系分布在土壤表层，主要吸收土壤浅表层中的

养分和水分,对深层土壤中的养分和水分吸收利用率较低;深根性作物,可以大量吸收和利用土壤深层的养分和水分,还能把土壤深层贮存的养分和水分转移到土壤表层。深根性作物与浅根性作物交替种植,能比较均衡地利用土壤不同层次的养分和水分。

(2)避免根系分泌物的不利影响

作物在生长发育过程中,根系不断地分泌出各种代谢产物,如有机酸、糖类、生物碱及其他有机物质。这些物质能改变土壤根系环境并影响养分的转化吸收,有的还能产生某些有毒物质,引起有害生物和微生物的繁衍和活动,直接或间接地影响作物生长。不同作物,根系分泌物不同,对不同作物根系分泌物的反应情况也不一致。

十字花科蔬菜根系的分泌物能刺激好气性非共生固氮菌的发育,有利于土壤中氮素养分的增加。芹菜和韭菜根系分泌物分别对菜豆和莴苣有害,种过芹菜的地块下茬不宜接菜豆;种过韭菜的地块不宜种莴苣。科学地搭配前后茬作物,合理地进行作物布局,可趋利避害,充分发挥轮作换茬的增产作用。

(3)减轻病虫害发生

多数致病病原菌对寄主有选择性,所以种植不同作物可有效切断病害的传播渠道,而长期种植同一种或同一科植物,病菌会逐年积累,造成病害大发生。尤其是生活在土壤中并通过土壤传播的病原菌,一般能在土壤中存活较长时间,如瓜类枯萎病菌能在土壤中存活5～6年。通过抗病作物与易感病害作物有计划地定期轮作,可以有效地预防土传病害发生。合理轮作还可以使那些食性狭窄或活动范围小的害虫,因缺乏食物而死亡。

2. 轮作换茬的原则

(1)将吸收土壤养分不同、根系深浅不同的作物互相轮作。一般情况下,可将消耗氮肥较多的叶菜类、消耗钾肥较多的根菜类、消耗磷肥较多的果菜类轮流栽培;或将深根性的根菜类、茄果类、豆类等与浅根性的叶菜类、葱蒜类等轮流栽培。

（2）将互不传染病害的蔬菜相互轮作。一般同科蔬菜常感染相同病害，原则上应尽量避免同科蔬菜连作，而每年调换种植不同科的蔬菜，从而使病、虫失去寄主或改变生活条件，达到减轻或消灭病、虫害的目的。

（3）通过轮作改善土壤结构。轮作时适当配合豆科、禾本科蔬菜，可增加土壤有机质含量，改良土壤团粒结构，提高肥力。根系发达的瓜类和宿根性韭菜也能遗留给土壤较多的有机质，有利于土壤团粒结构的形成。较为理想的轮作次序是：豆科、禾本科蔬菜之后接需氮量较多的叶菜类、茄果类、瓜类蔬菜；再次种植需氮量较少的葱蒜类和根菜类蔬菜；以后再接根系能固氮的豆类蔬菜，成为其他蔬菜的良好前茬，进入下一个循环。

（4）注意不同蔬菜对土壤酸碱度的要求。种植甘蓝、马铃薯等，能增加土壤酸度。豆类蔬菜的根瘤菌给土壤遗留较多的有机酸，而南瓜等能减少土壤酸度。洋葱等蔬菜对土壤酸度较敏感，若作为甘蓝、马铃薯等分泌酸性物质蔬菜的后茬易减产，而作南瓜的后茬易获得较高产量。

（5）确定合理的轮作年限。合理的轮作年限应依蔬菜种类、病原菌的存活年限而定。一般十字花科、百合科、伞形花科等作物较耐连作，但以轮作为佳。茄科、葫芦科（南瓜例外）、豆科、菊科等连作受害较重，多进行轮作。小白菜、芹菜、甘蓝、葱蒜类蔬菜等，在没有严重发病地块可以连作几茬，但需增施有机肥，有轮作条件的仍以轮作为佳。黄瓜、辣椒、生姜、马铃薯、山药等需 2～3 年轮作，番茄、甜瓜、茄子、豌豆等要间隔 3～4 年，西瓜要求间隔 6～7 年。

（五）充足的养分供给

农作物生长发育过程中各个阶段对养分的需求各不相同。农作物从环境中吸收的养分主要是无机营养成分。它们被吸收后通过代谢过程转化为植物体内的结构物质或构成一些重要化合物的组分，参与到农作物的能量代谢和物质转化。供给农作物充足的养分，可以促进农作物生长

发育，形成产量。

一般来说，根是农作物吸收养分的主要器官，但植物也可通过地上部分吸收养分，根外追肥就是通过植物地上部分的吸收，补充养分。因此，农作物生产中，基肥要施足，后期追肥以根系追肥为主，辅以叶面追肥等根外追肥。

农作物因营养环境中缺乏某种营养元素而在外观上出现的某些特征性症状。各种营养元素对植物的生理功能不同，因而产生的缺素症各异。农作物缺氮时，由于蛋白质形成受阻，细胞分裂减少，植物生长缓慢，植株矮小，叶绿素含量降低甚至不能合成，叶片失绿，呈淡黄色；缺磷时，植物各种代谢过程受到抑制，植株生长迟缓、矮小、瘦弱、直立，分枝少，叶小，易脱落，叶色暗绿或出现紫红色；缺钾时通常是老叶和叶边缘发黄，进而变褐，焦枯似灼烧状等。

三、生态保护

生态环境质量是农作物产品质量安全的重要因素。良好的生态环境不仅确保了农产品不受污染，同时还为天敌生物提供了生存环境。保护生态环境，就是保护了天敌生物，可有效地降低农药的使用次数和使用量。自然界是的天敌生物很多，包括天敌动物、天敌昆虫和天敌微生物。

麦田里的瓢虫

自然界中的食虫动物很多，许多鸟类如啄木鸟、灰喜鹊等可啄食松毛虫、尺蠖、蝗虫等。两栖类中的青蛙、蟾蜍等主要取食螟虫、蝼蛄、蟋蟀、蜗牛等。农田中常见天敌昆虫有很多，捕食性昆虫有瓢虫、草蛉、螳螂等，寄生性昆虫有姬蜂、茧蜂、小蜂、食虫蝽等，通过保护农田生态环境，创造适于这些天敌昆虫生存的环境，可以有效地控制危害农作物的害虫。

四、植保措施

（一）基本原则

农作物生产中应从作物——病虫草等整个生态系统出发，综合运用各种防治措施，创造不利于病虫草孳生和有利于各类天敌繁衍的环境条件，保持农业生态系统的平衡和生物多样化，减少各类病虫草害所造成的损失。

人工除草

优先采用农业措施，通过选用抗病抗虫品种、种子处理、培育壮苗，加强栽培管理，清洁田园，轮作倒茬、间作套种等一系列措施起到防治病虫草害的作用。尽量利用灯光、色彩诱杀害虫，机械捕捉害虫，机械和人工除草等措施，防治病虫草害。

（二）农业防治

农业防治根据农业环境与病虫草害之间的相互关系，通过适宜的一系列农业栽培管理技术措施降低有害生物种群数量，减少其侵染的可能性，培育健壮植物，增强植物抗害、耐害和自身补偿能力，或避免有害生物危害的一种植物保护措施。农业措施是农作物生产植保措施的基础。

大量事实表明，农业防治是一种既经济有效又能长期稳定地控制植物有害生物的防治手段。农业措施有地域局限性，单独使用有时收效较慢、效果较低，在病虫大量发生时不能及时获得防治效果。农业措施有以下几种。

1. 建立合理的种植制度

合理的种植制度有多方面的防病虫作用，它既可调节农田生态环境，改善土壤肥力和物理性质，从而有利于作物生长发育和有益微生物繁衍，

又能改变病虫和生活环境，从而直接控制病虫的危害。前面提到的植物的轮作换茬、间作套种等种植制度的改变可有效控制病虫害的发生。

2.加强田间栽培管理

科学的田间管理是改变农业环境条件最迅速的方法，对于防治病虫害具有显著作用。如适时播种、合理施肥和灌溉、适期播种和定植、中耕除草、温湿度控制等，可改变植物的营养状况和生长环境，促使其苗壮生长，提高抗病虫能力，同时还能改变病虫的生活条件、恶化其生存环境，达到抵制病虫发生或直接消灭病虫的目的。

3.保持田园清洁

田园清洁措施包括清除收获后遗留田间的病株残体，生长期拔除病株与铲除发病中心，清洗消毒农机具、工具、架材、农膜、棚室等。这些措施可以显著地减少病原物数量。

（三）物理防治

物理防治是利用简单工具和各种物理因素，如光、热、电、温度、湿度和放射能、声波等防治病虫害的措施。包括最原始、最简单的徒手捕杀或清除，以及近代物理最新成就的运用，可算作古老而又年轻的一类防治手段。物理措施通过诱杀、设置物理障碍来降低病虫害发生几率。

1.温度、湿度调控

通过人为升高或降低温、湿度，超出病虫害的适应范围，预防病虫害的发生或降低病虫害为害程度。晒种、温汤浸种以及保护地栽培中的高温闷棚等都是常见的物理防治措施。

2.设置物理障碍

通过人为设置物理障碍，将农作物与病虫害隔离，避免病虫害对农作物的侵害。目前在农作物生产中最常用到的通过物理障碍防治病虫害的物理措施是设置防虫网和果实套袋。

3.物理诱集

物理诱集是利用昆虫的趋性防治病虫害的方法。趋性是指生物对单

防虫网

果实套袋

一环境因素的刺激所产生的选择倾向性，是生物对外部刺激的定向反应形式，包括趋向性与避离性两种基本形式。

常用的利用趋向性防治虫害的方法有色彩诱杀和灯光诱杀。蔬菜生产中悬挂黄板诱杀蚜虫、白粉虱和潜叶蝇，设置蓝板诱杀蓟马等都是利用害虫对不同颜色的趋向性诱杀害虫。农田中设置的黑光灯、高压汞灯等则是利用害虫对灯光的趋向性诱杀害虫。此外，用杨柳枝诱杀烟青虫、棉铃虫，用枯草把诱杀黏虫等也是利用昆虫趋向性的物理诱集措施。

黄板诱杀

灯光诱杀

蔬菜在播种或定植前，在田间铺设银灰膜条，则是利用了蚜虫对灰色的避离性，有效避免有翅蚜迁入菜田，降低蔬菜生产中蚜虫的危害。一些蔬菜基地使用灰色吊绳绑蔓也是利用了蚜虫的这一特性。

（四）生物防治

生物措施是利用有益生物或生物的代谢产物控制有害生物种群数量

的一种防治技术。生物防治是综合防治的重要组成部分，具有安全、不污染环境、天敌资源丰富等特点。但生物防治受环境因素影响较大，有的发挥作用较慢，在实际应用时应与其他防治方法结合起来才能更好地控制病虫害的发生。生物防治包括以下措施。

1. 天敌生物

生态保护内容中已提到了通过保护自然界中的天敌生物以降低病虫害发生几率的做法。我们在生产实践中也掌握了许多病虫害与天敌生物

释放捕食螨

的知识，通过现代科技手段养殖、收集天敌生物并用于农业生产中的病虫害防治。

稻田养鸭不仅可以防治稻田中的稻飞虱、稻叶蝉、黏虫等害虫，同时还取食草籽和根茎，对草害有一定的控制作用。北京地区夏季释放人工养殖的赤眼蜂防治玉米螟，主要是利用了赤眼蜂对玉米螟卵的寄生特性，防治赤眼蜂。近年来，北京市的一些果园中通过释放捕食螨来捕食田间的红蜘蛛效果明显。

天敌微生物也是一支强大的生物防治部队。利用害虫的致病性微生物来防治害虫由来已久。目前应用较广的是细菌中的苏云金杆菌用于防治鳞翅目、双翅目和鞘翅目害虫。真菌中的白僵菌、绿僵菌、拟青霉、多毛孢和虫霉菌等，可以用于防治鳞翅目、同翅目、直翅目和鞘翅目害虫。昆虫病毒如核多角体病毒与有广泛应用。

2. 生物制剂

由微生物产生的抗生素开发生产的杀菌剂、杀虫剂也已广泛应用于农业生产中。广泛使用的杀菌剂有井冈霉素、链霉素、春雷霉素和多抗霉素等。其他生物制剂还有植物源杀虫剂中的苦参碱、烟碱、除

性诱芯诱集

虫菊素等。昆虫的性外激素也已开发用于大田诱捕害虫，果园中使用的性诱芯就是使用的昆虫性外激素。

（五）农药防治

在上面提到的各种防治措施无效的情况下，农药防治就是便捷、有效的防治方法。顾名思义，农药就是利用农药来防治有害生物的方法。合理使用农药对提高农产品产量和质量起着重要的作用。农药防治具有防治病虫草害效果好、作用快，特别是对暴发性的病虫能在短时间内控制危害、使用方法简便、便于机构化作业、不受地区和季节限制等优点。

1. 农药的分类

按照防治对象，一般将农药分为杀虫剂、杀螨剂、杀菌剂、除草剂、植物生长调节剂、杀线虫剂和杀鼠剂 7 种类型，每一类又可根据其作用方式、化学组成再分成若干类。按照农药的作用方式，将农药分为胃毒剂、触杀剂、熏蒸剂、内吸剂和保护剂。按照农药的来源，可以将农药分为生物源农药、矿物源农药和有机合成农药，其中生物源农药又分为植物源农药、动物源农药和微生物源农药 3 种。同一种农药按不同分类标准可以是不同类型的农药。如石硫合剂，按防治对象分是杀菌剂，按作用方式分是保护剂，按农药来源分，则是矿物源农药。

在这里需要强调一点的是，生产者无论购买什么农药，一定要仔细查看购买的农药外包装上是否标注了"三证"，即农药登记证、生产许可证和执行标准号。如果没有标注，则说明该农药为非法农药，生产者切勿购买，以防因非法农药中含有国家禁用的农药成分影响农产品质量安全。

2. 农药的施用

根据栽培植物、防治对象、气候、剂型、机械条件等具体情况，农药需采用不同的施用方法。使用农药要尽量做到省工、省药、高效、低污染。

最常用的施药方法是喷雾法，可用于多种剂型农药的施用。根据喷

硫磺熏蒸

出的雾滴大小，可以分为常规喷雾、低容量喷雾和超低容量喷雾。喷粉法适用于粉剂的施用，由于粉粒易飘散，对环境污染严重。对种子进行处理可以采用拌种和浸种。对温室、大棚等设施内病虫害进行防治可以采用熏蒸法。防治地下害虫可以将毒土、颗粒剂或毒饵撒施在根际附近。

涂抹法适用于果树修剪后的伤口保护，有利于保护害虫的天敌。防治根部病害可以用药液灌根，大面积发生的病虫害还可用飞机喷药。

3. 农药的安全使用

我国自 20 世纪 80 年代以来农业部陆续发布了《农药合理使用准则》（GB/T 8321），目前已发布了第九部分（GB/T 8321.9）。标准中规定了每一种农药防治每一种病虫草害规定的施药量（浓度）、施药次数、施药方法、安全间隔期、最高残留限量参照值及施药注意事项等。按标准中规定的技术指标施药，能有效地防治病虫草害，提高农产品质量，避免发生药害和人畜中毒事故，降低施药成本，防止或延缓抗药性产生，保护生态环境、保证收获的农产品中农药残留量不超过规定的限量标准，保障人们的身体健康。

ICS 65. 100
B 17

中华人民共和国国家标准

GB/T 8321.9—2009

农药合理使用准则（九）

Guideline for safety application of pesticides（Ⅸ）

2009-10-30 发布   2009-12-01 实施

中华人民共和国国家质量监督检验检疫总局
中国国家标准化管理委员会　　发布

农业部以公告的形式规定了禁用农药的名单，详见附录 9。

4. 农药的合理使用

在农药安全使用的基础上，要进一步做到农药的合理使用。合理使用农药可以保障人畜和有益生物安全，能够避免和延缓病虫产生抗药性，减少环境污染。

合理使用农药，首先要提高药效。根据防治对象选择合适的农药种类，做到对症下药。依据防治对象不同发育阶段对农药的敏感程度不同，及时用药；提倡使用最低有效尝试和最少有效次数，选择合理的用药方法，提高用药质量；合理混用农药，节约人力和时间，实现兼治、增效和延缓抗药性的目的。

合理使用农药，其次要注重生态安全。施用农药时，要综合考虑农药、植物和环境三方面因素，避免对农作物产生药害。选用高效、低毒、低残留的农药品种。在不影响防治效果的前提下，尽量减少田间用药次数，降低用药浓度，推广使用农药的最低有效浓度，保护有益生物，减少环境污染。严格执行《农药安全使用规定》，防止人畜中毒。

合理使用农药，还要克服抗药性。抗药性的形成与不合理使用农药有关。当发现病虫出现抗性后，应当更换不同作用机制的农药，或将作用机制不同的农药混用，来延缓抗性的产生。条件允许时，一种农药在一个生长季节内最多使用 2 次。大力开展综合防治，减少化学农药的依赖性，加强栽培管理，发挥害虫天敌的控制作用，延长现有农药品种的使用时间。

5. 安全间隔期

安全间隔期是指农产品在最后一次施用农药到收获上市之间的最短时间。在此期间，农药因光合作用等因素逐渐降解，农药残留量降至最大允许残留量以下，达到安全标准，不会对人体健康造成危害。各种农药的安全间隔期因药剂品种、作物种类及施药季节的不同而异。在实际生产中，最后一次喷药到作物收获之间的时间应大于所规定的安全间隔期，不允许在安全间隔期内收获作物。

五、肥料施用

肥料的作用不仅是供给作物以养分，提高产量和品质，还可以培肥地力，改良土壤，供给作物以养分，提高产量和品质，是农业生产的物质基础。

（一）合理施肥原则

1. 有机肥为主，化肥为辅

使用粪肥、饼肥、厩肥、堆肥、沤肥等，以及经工厂化加工的优质有机肥，如膨化鸡粪肥、微生物肥、有机叶面肥等。化肥主要作为作物不同生长时期的营养补充，根据土壤肥力和作物的营养需求选择适合的化肥配比进行配方施肥。

2. 施足基肥，合理追肥

在有机肥为主的施肥方式中，将有机肥为主的总肥分的 70% 以上有肥料作为基肥，种植前施入土壤中肥分不易流失，并可以改良土壤性状，提高土壤肥力，为优质丰产打下基础。追肥可根据实际，采用根区撒施、沟施、穴施及叶面喷施等多种方式。

3. 科学配比，平衡施肥

施肥应根据土壤条件、作物营养需求和季节气候变化等因素，调整各种养分的配比和用量，保证作物所需营养的比例平衡供给。除了有机肥和化肥外，微生物肥、微量元素肥、氨基酸等营养液等，都可以通过根施或叶面喷施作为作物的营养补充。

4. 禁止和限制使用的肥料

农产品生产中禁止使用城市生活垃圾、污泥、城乡工业废渣以及未经无害化处理的有机肥料，不符合相关标准的无机肥料等。忌氯作物禁止施用含氯化肥。

（二）肥料的分类

肥料种类很多，但肥料的分类还没有统一的方法，人们从不同角度对肥料的种类加以区分，常见的方法有：按化学成分分为有机肥料、无机肥料和有机无机肥料；按肥料含有养分数量分为单一肥料、养分肥料和配方肥料；按肥料肥效作用方式分为速效肥料、缓释肥料；按肥料的物理性状分为固体肥料、液体肥料和气体肥料；按作物对营养元素的需求量分为必需营养元素肥料、有益营养元素肥料；按肥料化学性质分为碱性肥料、酸性肥料和中性肥料。

（三）肥料的施用方法

作物生长周期内需多次施肥，以满足不同生育时期的营养要求。不管是一年生作物，还是多年生作物，不论是草本植物，还是木本植物，施肥一般分为基肥、种肥和追肥。肥料的施用主要根据作物种类、土壤状况、种植季节、作物长势和肥料性质等方面综合考虑。

1. 基肥的有效施用

基础又称底肥，是作物播种或移栽前结合土壤耕作放入的肥料。基肥施入量大，可以把几种肥料如有机肥和氮、磷、钾肥同时施用。基肥的主要功能是培肥改良土壤，供给作物整个发育时期所需的养分。

不同作物及栽培方式，施用基肥的方法不同。一般未栽种作物的农田可选用撒施，结合耕耙作业效果更好。条施结合犁地作垄，开沟条施基肥，覆土后播种。地膜覆盖栽培作物可选用分层施肥提高肥料利用率。果树种植的基肥施用多采用穴施、环状施肥和放射状施肥。

2. 种肥的有效施用

种肥是播种或幼苗定植时施在种苗附近的肥料。作用是为种子萌发和幼苗生长创造良好的营养和环境条件。种肥一般多用腐熟的有机肥或速性化肥，以及微生物肥料等。种肥施用方法有多种。

播种前可将少量化肥或微生物肥料与种子均匀拌种后一起播入土壤。对移栽的作物，可将化学肥料或微生物肥料配制成一定浓度的溶液用于蘸根，再定植。播种后，也可在播种行或播种穴中施肥。

3. 追肥的有效施用

在作物生长发育期间可以追肥，作用是及时补充作物在生长发育过程中所需的养分，以促进作物健壮生长，提高作物产量和品质。追肥一般用速效肥料，追肥时间一般由每种作物的发育期决定。一些作物在整个生育期可以多次追肥。

追肥可以撒施，也可以条施。有灌溉设施的地块可以结合灌水追施肥料，既节省人工，又省肥，而且提高肥效。叶面肥可以在作物生长后期根系吸收能力减弱时叶面喷施，通过叶部补充养分，实现高产优质。由于叶面对肥料吸收有限，只是一种辅助施肥措施，不能代替基肥和土壤追肥。

（四）测土配方施肥

1. 测土配方施肥的概念

测土配方施肥是以土壤测试和肥料田间试验为基础，根据作物需肥规律、土壤供肥性能和肥料效应，在合理施用有机肥料的基础上，提出氮、磷、钾及中、微量元素等肥料的施用数量、施肥时期和施用方法。通俗地讲，就是在农业科技人员指导下科学施用配方肥。

测土配方施肥技术的核心是调节和解决作物需肥与土壤供肥之间的矛盾。同时有针对性地补充作物所需的营养元素，作物缺什么元素就补充什么元素，需要多少补多少，实现各种养分平衡供应，满足作物的需要；达到提高肥料利用率、实现养分的平衡供给，提高作物产量、改善农产品品质，减少化肥用量、降低对环境的污染，节省劳力、节支增收的目的。

2. 测土配方施肥的实施

农业部推动的测土配方施肥实际上就是平衡施肥。简单地说，分成了三个具体的步骤。一是测土，二是配方，三是合理施肥。形象地讲，

测土、配方、施肥和我们去医院看病有些类似。先要对病情进行检查，必要时要进行检测。大夫根据检查和检测结果出具药方，患者按着药方取药，回家按方吃药就行了。

测土，就是要对土样进行测定，主要测定土壤中的养分含量。配方，则是对土壤的养分测定情况进行诊断，按照作物需要的营养"开出药方、按方配药"。合理施肥，是根据"药方"在农业科技人员指导下将配好的肥料科学的施用到农田中。

和看病一样，按医生的药方吃过一段时间的药后，还要回医院进行复查，根据结果再确定是否继续用药或调整药方。合理施肥后，也要对施肥效果进行跟踪监测，确定配方的合理性，根据监测结果对配方进行调整，进一步优化农肥和化肥的种类和配比，改善土壤结构，提升土壤有机质含量，满足农作物生长需求，提升农产品质量。

第四节
养殖业农产品安全生产

一、品种选择

我国南北跨度大，气候条件复杂，各种生物品种资源丰富，每个地区都有其代表的地方品种。一般来说，地方品种是在不同的自然生态环境条件和人们对某种畜禽产品需求的影响下，经过自然选择或针对牲畜某种特性经过有目的的人工选择，在畜牧业长期生产发展和对牲畜养育过程中，逐步形成的适应当地自然条件并具有某种特殊经济或性能的品种。

目前生产中选用的畜禽品种多为引进品种，包括国内、国外引进品种，以国外引进为主。一些品种在国内养殖规模不断扩大。如长白和杜洛克等瘦肉型猪品种、荷斯坦奶牛、艾维茵肉鸡，这些都是目前国内养殖规模较大的引进畜禽品种。

二、健康养殖

与种植业产品生产相同，养殖业生产也提倡健康养殖。选择合理的养殖方式、适宜的养殖环境、科学的饲养密度，提供给饲养动物充足的养分供应，可以保证动物的健康生长，提高动物的抗病抗虫能力，减少兽（渔）药的使用次数和使用量，降低动物产品中有毒有害物质残留，确保消费者食用安全和身体健康。

（一）科学的养殖方式

目前，多数养殖企业都采用集约化、工厂化的养殖方式，以提高养殖效率。这种养殖方式可以充分利用养殖空间，根据动物的营养需求饲喂全价配合饲料，在较短的时间内饲养出栏大量的动物，以满足市场对动物产品量的需求，从而获得较高的经济效益。但这种养殖方式饲养密度高、养殖空间密闭、动物自主活动少、饲料配方单一。虽然动物生长快、产量高，但产品品质、口感较差。而少数养殖者在养殖过程中为了提高养殖效益，在饲养或运输过程中添加了非法禁用物质，如生猪饲养过程中添加的"瘦肉精"、鱼类运输过程中添加的"孔雀石绿"，尽管是个别现象，但严重影响了消费者对工厂化、集约化饲养动物产品的质量安全的信任度。

在这种背景下，近年来随着消费者对农产品质量安全需求水平的提升，"生态养殖"这一概念逐渐被老百姓所认知。

顾名思义，生态养殖就是运用生态学原理，将饲养动物与生态环境看作一个整体，利用自然界物质循环的基本原理，在限定的养殖空间和区域内，通过各种生态养殖技术，辅以科学的管理措施，保护养殖区域内的生物多样性和稳定性，合理利用各种资源，提高养殖效益的一种养殖方式。

相对于集约化、工厂化养殖方式来说，生态养殖是让饲养动物在自然生态环境中按照自身原有的生长发育规律自然地生长，养殖空间开扩，饲养密度低，动物可相对自由活动，自然采食为主、辅助人工饲喂。这种养殖方式养殖出的动物产品品质和口感好，满足了一些高端消费者的需求。

林间散养鸡

生态发酵床养猪

但是针对我国人口众多、资源有限的国情，工厂化、集约化养殖仍是一种主要的养殖方式。国家要进一步加强对工厂化、集约化养殖技术的研究与推广，同时加大对这种养殖企业的监督管理，杜绝有毒有害非法添加物质的使用，提高产品质量安全整体水平，保障消费者食用安全。生态养殖仅是一种满足特殊消费的养殖方式，在我国不能取代工厂化、集约化的养殖方式。

（二）适宜的养殖环境

无论是工厂化、集约化养殖方式，还是生态养殖方式，适宜的养殖环境是养殖的基础条件。养殖环境的好坏，直接影响动物生产。养殖过程中要根据动物与环境因素的相互作用规律，利用、保护和发行环境设施，为饲养动物创造良好的饲养和生长条件，生产出安全、优质的动物产品，同时减少动物生产对外界环境的污染。

养殖场选址时，要综合考虑养殖方式、饲养动物生产特性、生产集约化程度及防疫条件等因素。一般认为，适宜的养殖环境要保证养殖区域具有较好的小气候条件，有利于养殖圈舍内空气的流通和控制；利于严格执行各项卫生防疫制度和措施；便于合理组织生产、提高设备利用率和工作人员劳动生产率。

养殖场建设时，在满足生产的前提下，尽量节约用地。合理利用地势和主风向，合理分区规划，防止污染和疫病传播。充分利用地形地势解决挡风防寒、通风防热、采光等问题。合理布局建筑物，保证饲养动物必须的光照、饲喂、饮水和活动场所。

饲养圈舍环境的环境控制主要取决于舍温，可采用隔热、通风、换气、采光、排水、防潮以及供热、采暖、降温等措施，建立符合饲养动物生理要求和行为习性的最佳环境。

（三）合理的饲养密度

工厂化、集约化养殖要控制合理的饲养密度。饲养密度就是养殖圈舍内饲养动物的密集程度，用每头（只）动物占用面积来表示。养殖密度直接影响圈舍内的空气状况，养殖密度大，动物散发出来的热量多，

舍内气温就高，湿度也大，灰尘、微生物、有害气体的含量增高，噪声强度加大。高密度养殖会提高饲养动物的发病率，降低饲养动物的整齐度。

养殖密度低，养殖环境质量提升、饲养动物发病率降低，但养殖成本增加、利润降低。养殖者要根据饲养动物特性及养殖场整体环境、圈舍设施设备条件，综合确定合理的饲养密度，达到降低养殖成本与提高利润的目的。饲养密度还要考虑季节因素，为了防寒和降暑，冬季或适当提高饲养密度，夏季可适当降低。

（四）充足的营养供给

和农作物种植一样，饲养动物需要一定的营养源，以供其生长、繁殖和生产产品。动物所需的养分一般包括：即水分、蛋白质、碳水化合物、脂类、矿物质营养和维生素营养等。饲养动物各个不同的生育期对各个养分的需求各不相同。根据动物营养需要量及饲料原料的养分含量，按照动物各阶段生长所需的营养要求，确定饲料配方，以保证饲养动物正常生长所需的营养。

动物对营养的需求包括两部分：一部分用于维持动物基本的生命活动，称为维持需要；另一部分主要用于动物生长和生产，称为生产需要。动物所需的营养需要是维持需要和生长需要的总和。动物维持需要占动物总营养需要的比例越低，动物生产的经济效益就越高。

如果动物在饲养过程中某种养分缺乏，就会降低动物的生产效益，矿物质营养和维生素营养缺乏时，可能引起动物疾病。如饲养动物缺钙和磷，会引起佝偻病、骨质疏松症；缺铁会造成贫血；缺碘导致甲状腺肿；缺锰引致滑腱症，即骨粗短症。缺少维生素 A，动物抗病力降低，生产性能和系列性能低下；缺少维生素 B_1，引发动物多性性神经炎；缺少维生素 C，导致动物坏血病；缺少维生素 K，动物凝血时间延长，可能发生民下肌肉和胃肠出血；缺少维生素 PP，引起动物腹泻、呕吐。

三、生物安全

近几年来，农村经济结构深入调整，畜禽养殖逐步由零星散养向规模养殖转变，尤其是肉鸡、生猪、肉牛、奶牛等。发展畜禽规模养殖是推动畜牧业商品化、专业化、集约化、产业化发展的必由之路。但是，在发展畜禽规模养殖的过程中，生物安全逐渐成为热点问题。

所谓生物安全一般指由现代生物技术开发和应用所能造成的对生态环境和人体健康产生的潜在威胁，及对其所采取的一系列有效预防和控制措施。我们这里所说的畜禽养殖场生物安全，是指在生物体外杀灭病原微生物，降低饲养动物感染病原微生物的机会和切断病原微生物传播途径的一切措施。这些措施可以达到降低动物感染病原微生物压力，阻止疾病传播和提高养殖者经济效益的目的。

（一）养殖场的隔离

隔离是规模养殖场防治重大动物疫病的关键措施。养殖场的隔离一方面指养殖场与周边环境的隔离，另一方面是养殖场内部各功能区的隔离。

与周边隔离的养殖场

养殖场应周边环境相隔离。一般要求养殖场要离开交通要道、居民点、医院、屠宰场、垃圾处理场等有可能影响动物防疫因素的地方，养殖场到附近公路的出路应该是封闭的 500 米以上的专用道路，场地周围要建隔离沟、隔离墙和绿化带。山区、岛屿等具有自然隔离条件的地方是较理想的场址。

养殖场内各的各功能区之间也要设置隔离设施。场区的生产区和生活区要隔开，在远离生产区的地方建立隔离圈舍，生产场要有完善的垃

圾排泄系统和无害化处理设施等。养殖场要还建立独立的隔离区，用于对本场患病动物和从外界新采购动物的隔离。

除环境的隔离外，养殖场的隔离还包括养殖人员的隔离、饲料、养殖用具的隔离、新引进动物的隔离等。

（二）养殖场的防疫

为了加强对动物防疫活动的管理，预防、控制和扑灭动物疫病，促进养殖业发展，保护人体健康，维护公共卫生安全，我国制定了《中华人民共各国动物防疫法》，对动物养殖中的防疫做了详细的规定。《中华人民共和国传染病防治法》也有相关规定，以切实控制好人畜共患病和一类二类传染病及重要疫病。

按照相关法律的规定，国家对动物疫病实行预防为主的方针，对严重危害养殖业生产和人体健康的动物疫病实施强制免疫。

对于养殖场来说，要从以下几方面做好防疫工作。

1. 把好引种关，引进健康种畜禽

对于养殖场的防疫来说，种畜禽的防疫工作至关重要。要从非疫区引进种畜禽，引进后必须对其隔离、观察、消毒。在隔离期内畜群健康，未出现不良反应，方可混群饲养。

2. 制定免疫方案，确保免疫密度

饲养场和养殖户应当依法履行动物疫病强制免疫义务。重点动物疫病必须强制免疫，根据当地疫情流行情况确定其他需免疫疫病。养殖场要按照国家要求的重大动物疫病免疫方案，结合实际生产情况，制定详细的免疫方案。严格落实免疫工作，实施动态免疫，做到应免尽免，不漏一畜一禽，常年免疫密度达100%。疫苗的保存运输条件，接种剂量和方法严格按照疫苗使用说明书操作，确保免疫确实，保证免疫质量。

3. 开展疫病监测，做好预警工作

养殖场环境卫生条件复杂，异常气候和极端天气偶有发生，给养殖场带来疫病突发、暴发的风险。养殖过程中要开展疫病监测工作，防止

疾病大规模发生。时刻关注相关疫情信息，做好疫病预警工作。

4.及早发现隐患，果断采取措施

养殖场发现传染病疑似病例时，不论其危害程度大小，必须向有关单位上报发病情况，及时诊断。当确诊为常见常发疫病时，要严格按照有关部门的要求，开展紧急免疫接种、消毒、隔离、治疗，及时淘汰处理患病动物，净化养殖场环境。在诊断为一类疫病时，积极配合落实有关单位的处置措施。捕杀养殖场内所有易感动物，对养殖场进行全面严格的消毒。

5.多项措施并举，防止疫病传播

养殖场门口要建立消毒池和消毒室，生产区严禁外来人员进入；畜禽舍要设置防鼠、防虫、防兽和防鸟设施，避免饲料动物受外来动物携带疫病的传染；养殖场要自繁自养，建立"全进全出"饲养模式；养殖场要设立病死动物无害化处理场所，一般采用深井填埋，也可使用焚化炉销毁。

（三）养殖场的消毒

消毒是疾病综合防治中的一个重要环节，通过科学的、合理的、有效的消毒，切断传染病的传播途径，减少养殖场和畜禽舍病原微生物数量，就可以减少或避免传染病的发生。

在养殖场中，消毒工作与防疫工作紧密相关，是防疫工作的重要组成部分。养殖场的消毒工作一般分为人员消毒、环境消毒、车辆及养殖用具消毒等。

养殖场的消毒池

1.人员消毒

人们的衣服、鞋子可被细菌或病毒等病原微生物污染，成为传播疫病的媒介。养殖场要有针对性地建立防

范对策和消毒措施，防控进场人员，特别是外来人员传播疫病。为了便于实施消毒，切断传播途径，需在养殖场大门的一侧和生产区设更衣室、消毒室和淋浴室，供外来人员和生产人员更衣、消毒。要限制与生产无关的人员进入生产区。

生产人员进入生产区时，要更换工作服（衣、裤、靴、帽等），必要时进行淋浴、消毒，并在工作前后洗手消毒。在养殖场的入口处设专职消毒人员和喷雾消毒器、紫外线杀菌灯，对出入的人员实施衣服喷雾或照射消毒，设脚踏消毒槽（池）脚踏消毒。

2. 环境消毒

环境消毒分为畜禽舍内消毒和畜禽场环境消毒。

畜禽舍是畜禽生活和生产的场所，由于环境和畜禽本身的影响，舍内容易存在和孳生微生物。在畜禽淘汰、转群后或入舍前，对畜禽舍进行彻底的清洁消毒，为入舍畜群创造一个洁净卫生的条件，有利于减少畜禽疾病发生。

养殖场环境消毒是针对对养殖场空间、养殖场周边及场内污水池、排粪坑、下水道出口等环境进行的消毒，一般来说是一种经常性的消毒。养殖场根据日常管理的需要，定期对养殖场的环境进行消毒。

3. 车辆及养殖用具消毒

运输饲料、产品的车辆经常出入养殖场。与出入养殖场的人员相比，不但面积大，而且所携带的病原微生物也多，因此对车辆进行消毒更有必要。为了便于消毒，养殖场可在大门口设置与门同等宽的自动化喷雾消毒装置。小型养殖场设喷雾消毒器，对出入车辆的车身和底盘进行喷雾消毒。消毒槽（池）内铺草垫浸以消毒液，供车辆通过时进行轮胎消毒。

养殖场门口的喷雾消毒

装运产品、动物的笼、箱等容器以及其他用具，也是疫病传播的媒介。在养殖场中也要做好对由场外运入的容器与其他用具的消毒工作。为防疫需要，应在养殖场入口附近（和畜禽舍有一定距离），设置容器消毒室，对由场外运入的容器及其他用具等，进行严格消毒。消毒时注意勿使消毒废水流向畜禽舍，应将其排入排水沟。

针对以上的消毒内容，养殖场可以选用不同的消毒方法，一般可以分为物理消毒方法、化学消毒方法和生物消毒方法。

物理消毒法包括清扫、刷洗、火烧、日晒、干燥、高温灭菌（火焰灭菌、热空气灭菌、煮沸消毒、高压蒸汽消毒、巴氏消毒法等）、超声波、通风等清除或杀灭病原微生物。

化学消毒法是用化学消毒药进行的消毒。消毒药的种类很多。消毒的方式有拌和、撒布、涂擦、浸洗、浸泡、喷洒、熏蒸、喷雾消毒等。化学消毒无论选择哪种消毒方式，消毒药物都要定期更换品种，交叉使用，这样才能保证消毒效果。

生物学消毒法常用于粪便和污水的消毒，如粪便的腐熟堆肥、污水的活性污泥及生物过滤处理等。

（四）养殖场的鼠害防治

实际生产中，一些养殖场没有将鼠害防治工作落到实处，造成不可挽回的损失。这里从生物安全方面强调养殖场的鼠害防治工作。

养殖场饲料加工车间、栋舍存料间饲料丰富、水源充足，为鼠类提供了繁衍生息的良好环境。鼠类不仅会吃掉大量的粮食和饲料、啃食包装材料、破坏建筑物等，更为重要的是鼠类可以传播疾病，危害养殖场饲养动物的健康，影响养殖正常生产秩序。因此，做好养殖场鼠害防治工作对于降低养殖成本、降低疫病发生几率、保障农产品质量安全至关重要。

鼠害实际防治工作中，要根据鼠害生活习性采取合理的防治措施。首先，养殖场要注意环境卫生，养殖场区避免尽可能草丛生，饲料车间、

栋舍存料间清洁卫生，确保原料与饲料的存放安全。其次，要定期加固养殖场建筑物，地面、墙基尽可能用砖、水泥封砌，减少缝隙，门窗要合缝，防止害鼠进入。如果发现鼠害，要采取必要的措施灭鼠。灭鼠方法很多，可根据实际情况选择人工、物理、机械、毒饵等方法。

一些养殖场在场内养猫或利用养殖场内的野猫用于控制鼠害，但家猫或野猫在捕食害鼠时，游走于养殖场内外，实质上也是一个移动的疫病传染源，可能引起养殖场内疫病大发生。

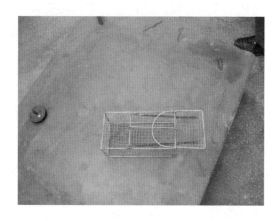

毒饵用于防鼠虽然省时、省力，但目前市场上销售的鼠药质量良莠不齐，部分鼠药中含有急性中毒药物，易使人畜误食中毒，毒鼠强等剧毒鼠药已被国家禁止使用，所以在实际防治鼠害时，不建议使用毒饵防鼠。

提倡采用人工、物理、机械灭鼠，可以采用鼠笼、鼠夹、粘鼠板等方式捕捉害鼠，在饲料车间、栋舍入口处设置挡鼠板也是有效的防治鼠害的方法。

四、饲料安全

（一）饲料配方的安全

饲料配方是根据饲养动物的营养需求、饲料料的营养价值、饲料原料的现状及价格等因素，合理地确定各种饲料（饲料原料）的配合比例，这种饲料（饲料原料）的配比就是饲料配方。合理设计饲料配方是科学饲养动物的关键环节。设计饲料配方时，既要考虑动物的营养需要和消化生理特点，又应合理利用各种饲料资源。

确定饲料配方时，既要综合考虑配方的科学性、经济性和可操作性，更要重点控制配方的安全性和合法性。

饲料配方的安全性是要求在设计饲料配方时，选用的饲料原料，特别是饲料添加剂，必须安全当先，慎重从事。禁止在饲料中添加含有有毒有害物质的饲料原料，禁止添加国家明令禁止使用的饲料添加剂和禁用物质，如部分抗生素和激素、苏丹红和瘦肉精等物质绝不能使用。

饲料配方的合法性是指配方的设计应符合国家的有关规定。设计饲料配方不仅要符合饲养标准的要求，还要符合饮料标准和有关饲料料法规的要求和国家为了规范企业的生产和市场行为而制订的一系列标准和法规，也就是将饲料配方的安全性从法律和标准层面进一步加以规范。

（二）饲料原料的安全

在确定了科学、安全、合法、经济和可操作的饲料配方后，就要按照既定配方配制饲料。这就涉及饲料原料的安全。要求选用的饲料原料不含有害有毒物质，未受到各种污染。生产企业应加强对饲料原料的质量检测工作，确保饲料原料安全。饲料污染主要分为非生物源性污染和生物源性污染。

1. 非生物源性污染

主要是化学性污染，来源于 3 种途径：一是工业"三废"的不合理排放；二是在饲料原料生产过程中农药化肥等化学物质的不合理使用；三是饲料原料的包装材料、运输工具、盛装容器等造成的污染。

畜禽急性汞中毒会引起消化道黏膜症和肾脏损伤，饲料受镉污染会引起畜禽慢性中毒，畜禽无机氟化物中毒一般表现为厌食、流涎、呕吐等症状。畜禽由于饲料污染的有机氯农药中毒，其基本特征是神经症状，表现为多种形式的兴奋或抑制。畜禽有机磷农药中毒后，导致胆碱能神经，引起相应的组织器官生理功能改变。

2. 生物源性污染

主要包括细菌及其毒素污染、霉菌及其毒素污染以及饲料虫害等。

被污染的饲料在这些微生物的作用下营养价值和适口性降低，微生物产生的代谢产物及其分解饲料产生的有毒物质对畜禽生长、发育、生产乃至生命活动造成很大的危害。

污染饲料的细菌主要有沙门氏菌、肉毒梭菌和葡萄球菌等。污染沙门氏菌的饲料，除引起动物肠道疾病外，还会释放内毒素使动物中毒。肉毒梭菌是一种腐败寄生菌，植物性饲料潮湿堆积发热造成腐败和发霉后或者肉类在加工过程中不注意卫生，均易被肉毒梭菌污染。肉毒梭菌本身无致病力，但在适宜的条件下能分泌一种毒性很强的外毒素，即肉毒梭菌毒素。该毒素对动物的胃肠道有刺激作用，动物急性中毒后往往不表现任何症状而突然死亡。饲料受葡萄球菌污染，会迅速繁殖并很快产生外毒素。葡萄球菌外毒素对胃和小肠有强烈的刺激作用，可引起局部炎症。中毒动物发生剧烈呕吐、大量流涎、严重腹泻后出现失水症状，肌肉痉挛、虚脱、体温大多正常。如果及时治疗，多能恢复。

（三）饲料添加剂的安全

饲料添加剂是添加到饲料中的微量添加物质的总称，能强化饲料的营养价值，保护饲料中营养物质，避免其在贮存期间的损失，并能促进饲料营养物质的消化吸收和调节机体代谢，增进动物健康和促进动物生长发育，从而改善饲料营养物质的利用效率、提高动物生产水平以及改进动物产品品质。

传统广义的饲料添加剂包括营养性添加剂和非营养性添加剂两类。前者主要包括氨基酸、维生素和微量矿物元素添加剂等，后者主要包括生长促进剂、动物保健剂、助消化剂、代谢调节剂、动物产品品质改进

剂和饲料保护剂等。

添加剂使用不当，同样会污染饲料，影响饲料动物的质量安全。国家对在饲料中禁止添加的成分通过农业部公告向生产企业和养殖户告知。具体要求见附录 10、附录 11、附录 12、附录 13。生产中要充分发挥饲料添加剂的作用，不要让饲料添加剂在养殖业中添"乱"。

五、兽（渔）药的合理使用

畜禽疾病防治的综合措施是"养防检治"，即饲养、防疫、检疫、治疗。对于疾病的控制重在预防，随着我国集约化畜牧业的发展，"预防为主"的重要性更加明显。疾病防治要着眼于整个畜禽群体而不是个体，从群体出发，才能快速而活力地做好疾病防治工作。个体发病也不可忽视，如防治不当，将会引发整个养殖场的疫病大暴发。在防治个体发病时，药物防治是一种有效的方法。使用兽药、渔药时，要做到安全、科学、合理使用。

（一）兽（渔）药的品种

兽药是用于预防、治疗、诊断动物疾病或者有目的地调节其生理机能的物质（含药物饲料添加剂）。主要包括：血清制品、疫苗、诊断制品、微生态制品、中药材、中成药、化学药品、抗生素、生化药品、放射性药品及外用杀虫剂、消毒剂等。

渔药是用于预防、控制和治疗水产动植物的病、虫害，促进养殖品种健康生长，增强机体抗病能力以及改善养殖水体质量的一切物质。可以分为：抗微生物渔药、抗寄生虫渔药、渔用消毒剂、渔用微生态制剂、渔用生物制品、渔用免疫增强剂和渔用疫苗等。

国家禁用的兽药可参考附录 10、附录 11、附录 12、附录 13。

（二）兽（渔）药的给药途径

1. 兽药的给药途径

兽医临床用药法最常用是口服和注射两种。在规模养殖场中，由

于个体多、捕捉麻烦及注射时易造成畜禽应激等原因，一般不用注射法（一些疫苗接种除外），主要是用口服给药。

口服给药一般分为饮水和拌料两种途径。饮水给药要注意药物要能溶于水，饮用水要清洁，若是用氯消毒的自来水，应先用容器装好露天放置 1～2 天，使余氯挥发掉，以免药物效果受到影响。

拌料给药适合于难溶于水或不溶于水的药物，药物拌入饲料应坚持做到：从小堆到大堆，反复多次，要达到拌药均匀，避免畜禽个体中毒的发生。

饮水给药与拌料给药两种方法比较，以饮水方法为好，因为群体发病时出现采食量下降，而饮水量增加，此时用拌料给药则对发病个体的实际食入剂量难达到要求。

实际生产中，要选择合适的给药途径。对于胃肠道难吸收的药物，须及时控制病情发展，对一些全身性疾病（如败血症）等的治疗则宜采用注射给药。对于给药较多的（如家禽）则口服给药较为方便，而对于零星散养的家畜则注射给药疗效可靠。

2. 渔药的给药途径

水产品由于特殊的生活环境，给药途径与兽药不同。避免高温用药，阴雨天、闷热天、鱼虾浮头时不给药。渔药给药途径包括口服法、药浴法、注射法、涂抹法和悬挂法。

口服法用药是疾病防治中一种重要的给药方法。常用于水产动物体

内病原生物的消除、感染的控制、免疫刺激、体内代谢环境改善等。每次施用时应考虑到同池其他混养品种。

药浴法有全池遍洒和浸洗法两种。遍洒法是疾病防治中经常使用的一种方法，一般用于池塘水体。浸洗法用药量

少，可人为控制，主要在运输苗种或苗种投放之前实施。药浴如需捕捞患病动物应谨慎操作，尽可能避免患病动物受伤。药物浓度和药浴时间应视水温及患病动物忍受情况而灵活掌握。浸浴前要小范围预试验。

注射法用药量准确、吸收快、疗效高、预防效果好，但操作麻烦，容易损伤鱼体。对于珍稀养殖品种或繁殖后代的亲本可以采取此法给药。应先配制好注射药物，注射用具预先消毒，注射药物时要准确、快速、勿使鱼体受伤。药物要现配现用。

涂抹法具有用药少、安全、副作用小等优点，但适用范围小。

悬挂法用药量少、成本低、简便且毒副作用小，常用于预防疾病。为保证用药的效果，用药前应停食 1～2 天，使其处于饥饿状态，以促使鱼虾进入药物悬挂区内摄食。

（三）休药期或停药期

与种植业农产品的农药安全间隔期相似，兽药的休药期是指食用动物在最后一次使用兽药到屠宰上市或其它产品（乳、蛋等）许可上市销售的最短间隔时间。在此期间，兽药的有害物质会随着动物的新陈代谢等因素逐渐降解，兽药残留达到安全标准，不会对人体健康造成危害。不同品种的兽药有不同的休药期。

同理，渔药的休药期就是水产品最后停止给药日到水产品作为食品上市出售的最短时间。

（四）兽（渔）药的合理使用

科学合理的使用兽（渔）药，应遵从以下原则：

（1）禁止使用未取得批准文号的兽药和国家已经禁止使用的兽药。

（2）禁止在饲料及饲料产品中添加国家禁止的药物。

（3）有休药期规定的兽药用于食用动物时，生产者要严格执行休药期。

（4）禁止将人用药用于动物，并慎用抗生素类兽药作用于神经系统、

循环系统、呼吸系统、泌尿系统等拟肾上腺素药，抗胆碱药、平喘药、肾上腺皮质激素类药和解痛药物。

（5）坚持用药记录制度，记录药品品种、剂型、剂量、给药途径、疗程或添加时间等，以备检查和溯源。

第五节
农产品生产记录

一、农产品生产记录的重要性

农产品生产记录是对农产品生产全过程中发生的一系列农事生产活动的真实反映。记录反映企业质量安全管理的状况及结果，是生产过程控制的证据。保持记录是生产企业生产技术和管理水平持续改进和完善的需要，是提高农产品质量安全保证能力的需要。在农产品生产过程中，建立必要的记录体系，有利于生产者通过多年的实践生产，进一步提升农产品生产技术水平。

农产品生产记录也是生产者在发生质量安全事件后减责或降低损失的一项重要措施。一旦发生农产品质量安全问题时，生产者可以通过生产记录实现生产过程的可追溯性，并分析查找原因，确定生产者在质量安全事件中的责任。如果记录真实、完整、可追溯，且记录中未出现违规生产行为，生产者的责任可以记录为证据，减轻事件中所承担的责任。如果记录显示生产者确实存在违规生产行为，生产者也可通过记录提出针对性的改进措施，避免同样事件的发生，在当次事件中只需销毁或处理出现质量问题的批次产品，降低损失。

二、记录与记忆的区别

实际工作中，生产者常常把记录与记忆相混淆，错误的把记忆中发生的事情做为记录。因此要在日常工作中明确的将记录和记忆区分开。

记录是指把听到的或发生的事情当场写下来，它中强调的是"当场"。记忆是保持在脑子里的过去事物的印象，它强调的是"过去"，这种"印象"会随着时间的推移而发生变化，也会因外界刺激而自我修改。

结合农产品生产实践来说，记录要求生产者在实际生产过程中及时

记载发生的事件，要求当场记录。如种植业生产中购进农药、肥料入库时要及时登记入录品种及入库量，登记情况要与实际情况相符。记忆可能是生产者对过去的生产过程的回忆，时间越长，回忆的内容与当时的生产实际情况偏差越大，其真实性也就越差。这种回忆也就失去了其做为生产过程真实反映的意义。

现实的工作中，一些生产企业或生产者为了应付上级检查，临时将一段时期内的生产"记忆"回顾、整理后形成记录。其实在有经验的检查人员眼中，通过各环节记录的联系，很容易识别这些由"记忆"拼凑出的记录。

三、农产品生产记录的内容

农产品质量安全法中对农产品生产记录有明确规定。一般来说，农产品生产企业和农民专业合作经济组织生产记录需包含以下内容：

农业投入品的使用：农业投入品是农业生产中必不可少的，农产品生产过程中农业投入品的使用情况直接影响到农产品的质量质量安全，一般要求农产品生产企业记录生产过程中使用的农业投入品的名称、来源、用法、用量和使用、停用的日期。

植物病虫草害、动物疫病的发生和防治：农业投入品的使用主要是为了控制农产品生产中发生的植物病虫草害和动物疫病，农产品生产记录中要包含植物病虫草害、动物疫情的发生和防治情况。这一部分记录可以反映出一个企业的生产技术水平。这部分内容应包含病虫草害或动物疫病发生的时间、为害程度、采取的措施、防治的效果等内容。

收获、屠宰或者捕捞的日期：农产品生产的最终目的是上市销售，农产品生产记录中收获、屠宰或者捕捞的日期也就成为农产品生产记录中必不可少的内容。农产品收获、屠宰或者捕捞可能持续一段时间，因此，这部分内容需在收获、屠宰或者捕捞全部完成后归档保存。这部分记录除包含具体的日期外，还应记录每天的收获量、屠宰量或者捕捞量及产品去向。

此外，为了实现农产品质量安全的可追溯性，农产品生产记录还应包含投入品购买与保管记录、产品质量抽检记录、培训记录，尽可能记录极端气候条件或自然灾害对农产品生产的影响，指导今后的农业生产。

四、农产品生产记录的保存

农产品质量安全法中明确规定：农产品生产记录应当保存二年，禁止伪造农产品生产记录。各生产企业及生产者可根据实际情况确定记录保存年限。记录保存的年限越久，对生产企业意义越大。它是一个企业诚信生产的证明，也是企业积累实践生产经验的宝贵资料。

思考题：

1. 你知道国家对农产品安全生产有哪些要求吗？
2. 谈谈你是怎么理解农产品安全生产的重要性？
3. 结合实际生产，谈谈种植业农产品的安全生产。
4. 结合实际生产，谈谈养殖业农产品的安全生产。
5. 谈谈你对农产品生产记录的理解。

第四章
农产品质量安全认证

案例：平谷鲜桃的质量安全认证

平谷区现有大桃面积22万亩，大桃产业已经成为山区、半山区农民收入的主要来源。近年来，为保证大桃质量和品质，平谷区重视大桃的标准化生产和农产品质量安全认证工作。根据北京市"绿色奥运"和消费者追求绿色、健康的要求，2003年区委、区政府提出了"以有机果品为先导，绿色果品为主体，安全果品为基础"的精品果生产战略，通过农业标准化生产抓质量，农产品认证抓精品品牌，全力推进平谷大桃生产。平谷大桃不仅覆盖了国内各省、直辖市、自治区和港、澳、台地区的消费市场，而且还销往新、马、泰、日本、韩国等亚洲国家和俄罗斯、法国、荷兰等欧美国家，大桃年直接和间接出口量达1.5万吨。

平谷大桃产业通过实施农业标准化和农产品质量安全认证，保证了质量，提升了品牌，开拓了市场，取得了众多荣誉。在"全国农产品博览会"、"中国名特优新产品博览会"、"世界园艺博览会"上分别荣获"金奖"、"中华名果"、"名牌产品"等荣誉，被农业部授予"绿色食品桃标准化生产基地"，被全国安全优质农产品基地推荐评审委员会授予"首

届全国安全优质农产品十大生产基地"。

案例解读：

领导重视，政策支持。 为了鼓励更多的果农进行农产品质量安全认证，区委、区政府制定了相应的资金补贴政策。对建有机肥厂的基地，也给予相应的资金支持。为了学习国外有机果品栽培管理技术，区果品办投资 30 多万元组织科技人员和有机果品基地管理人员 20 多人次到韩国、日本、法国、德国考察学习。

加强宣传，确保安全。 平谷区非常重视对安全果品生产的宣传，一是大力宣传加强果品安全生产的重要；二是广泛宣传、落实政府下发的《坚决杜绝使用剧毒、高残留农药的有关规定》《减少化肥施用量的有关规定》等文件，提高果农的安全生产意识；三是从市场流通角度进行宣传。

完善体系，落实责任。 一是把平谷区 16 个乡镇分成 9 片，实行科技人员包乡镇制度。制定折子工程，建立严格的岗位责任制，把协调乡镇工作，技术指导培训、科技示范研究一包到底；二是各乡镇都责成专人负责技术培训的组织工作；三是大桃生产专业村配备了专职或兼职技术员，协助区、乡镇技术人员做好各项工作，抓好优新技术的推广。

推广技术，服务生产。 大力推广秋施发酵腐熟有机肥和果园生草技术、郁闭桃园隔株间伐和高光效树体结构调整技术、果实套袋技术以及病虫害综合防治技术等。

经济效益：

平谷区通过农产品质量安全认证，抢占了果品质量制高点，提升了果农的科技管理水平，促进了果农增收致富。近年来，随着平谷区大桃产业的发展，大桃质量整体水平的提高，促进大桃产业升级，实现全区大桃产业可持续发展，果农持续增收。2011 年，全区实现大桃收入11.6 亿元，10 万从事大桃产业的果农人均大桃收入 1.16 万元。

第一节
农产品质量安全认证简述

一、认证

（一）认证的概念

认证是指由认证机构证明产品、服务、管理体系符合相关技术规范、相关技术规范的强制性要求或者标准的合格评定活动。认证的种类包括产品认证、服务认证（又称过程认证）、管理体系认证。其中，产品认证、管理体系认证已经比较普遍，而服务认证一般可以当作一种特殊的产品进行认证，服务单位也有相应的管理体系可以进行认证。在我国境内从事认证活动的工作机构，应该遵守《中华人民共和国认证认可条例》。

（二）认证的种类

国际通行的认证包括产品认证和体系认证。产品认证是对终端产品质量安全状况进行评价，体系认证是对生产条件保证能力进行评价。二者相近又不同，产品认证突出检测，体系认证重在过程考核，一般不涉及产品质量的检测。在农业方面，最主要的是产品认证，也就是终端产品的质量安全认证。在我国，目前最主流的是三个方面的认证，即无公害农产品、绿色食品、有机产品标志认证。对生产过程的体系认证，时机尚不成熟，有待于进一步研究、探索、实践、试验。

从发展的态势看，体系认证比较符合中国农业生产实际的主要是"三P"认证，即 GAP（Good Agriculture Practice，良好农业操作规范）、GMP（Good Manufacturing Practice，良好生产规范）、HACCP（Hazard Analysis and Critical Control Point，危害分析与关键点控制）。近年来，

GAP 和 HACCP 在农业行业中的认证逐渐增多。

从国际社会成功的运作效果看，GAP 适用于种植业产品的生产过程认证，打造知名生产基地和企业；GMP 适用于农产品加工品和兽药等农业投入品的生产过程认证，培育知名生产加工企业；HACCP 适用于畜禽水产养殖业及其加工业生产过程认证，打造知名生产基地、养殖大户和龙头企业。从中国的农产品生产实际和发展方向上看，相当长一段时期，农产品质量安全方面的认证还主要是产品认证。在产品认证当中主要是无公害农产品、绿色食品、有机农产品（有机食品），简称"三品"。

（三）产品质量认证

1. 产品质量认证的发展

产品质量认证是随着现代工业的发展，作为一种外部质量保证的手段逐渐发展起来的。在现代产品质量认证产生之前，供方为了推销产品，往往采取"合格声明"的方式，以取得买方对产品质量的信任。但是随着现代工业的发展，供方单方面的"合格声明"越来越难以增强顾客的购买信心，于是由第三方来证明产品质量的产品质量认证制度便应运而生。

产品质量认证制度始于英国。1903 年英国工程标准委员会首创了世界上第一个用于符合标准的认证标志"BS"标志（"风筝标志"），并于1922 年按英国商标法注册，成为受法律保护的认证标志，至今在国际上仍享有较高的信誉。此后，这项制度得到了较快发展。现在实行产品质量认证制度，已经是国际上的通行做法。

2. 产品质量认证的概念和原则

产品质量认证是指依据产品标准和相应的技术要求，经认证机构确认并通过颁发认证证书和认证标志来证明某一产品符合相应标准和相应技术要求的活动。我国产品质量认证分为强制性产品质量认证和自愿性产品质量认证。

产品质量认证的依据应当是具有国际水平的国家标准或行业标准。标准的内容除应包括产品技术性能指标外，还应当包括产品检验方法和综合判定准则。标准是产品质量认证的基础，标准的层次、水平越高，经认证的产品信誉度就越高。

产品质量认证应当遵循以下原则：一是国家统一管理的原则；二是只搞国家认证，不搞部门认证和地方认证的原则；三是实行第三方认证制度，充分体现行业管理的原则。

（四）管理体系认证

1. 管理体系认证发展的现状

目前，进行认证的管理体系主要有 ISO 9000 质量管理体系、ISO 14000 环境管理体系、OHSAS 18000 职业健康安全管理体系、ISO 22000 和 HACCP 食品安全管理体系等。现在已经尝试将多种管理体系进行一体化整合，例如 ISO 9000：2000 质量管理体系、ISO 14000：2004 环境管理体系和 OHSAS 18000 职业健康安全管理体系的一体化。各种管理体系具有一些共性的要素，其中 ISO 9000：2000 质量管理体系是各种管理体系的基础。

2. 管理体系认证的作用和原则

各种管理体系的作用是为了规范某项工作的管理，提高管理水平和管理效益。例如，质量管理体系认证可以提高供方的质量信誉，增强企业的竞争能力，提高经济效益，降低承担产品责任的风险，保证产品质量，降低废次品损失。

各种管理体系认证都应当遵循自愿申请原则和符合国际惯例原则。其中自愿申请原则的具体内容包括：是否申请认证由企业自主决定；向哪个管理体系认证机构申请认证，由企业自主选择；申请哪种管理体系认证，由企业根据需要和条件自主决定。符合国际惯例原则是指按照国际通行的做法和规定的程序、要求开展认证，以便得到国际认可，促进国际认证合作的开展。

二、农产品质量安全认证

（一）发展历程

1.农产品质量安全认证的发展历程

农产品质量认证始于 20 世纪初美国开展的农作物种子认证，并以有机食品认证为代表。到 20 世纪中叶，随着食品生产传统方式的逐步退出和工业化比重的增加，国际贸易的日益发展，食品安全风险程度的增加，许多国家引入"农田到餐桌"的过程管理理念，把农产品认证作为确保农产品质量安全和同时能降低政府管理成本的有效政策措施。于是，出现了 HACCP、GMP、欧洲 GAP、澳大利亚 SQF、加拿大 On–Farm 等体系认证以及日本 JAS 认证、韩国环境农产品认证、法国农产品标识制度、英国小红拖拉机标志认证等多种农产品认证形式。

2.我国农产品质量安全认证的发展历程

我国农产品认证始于 20 世纪 90 年代初农业部实施的绿色食品认证。20 世纪 90 年代后期，国内一些机构引入国外有机食品标准，实施了有机食品认证。有机食品认证是农产品质量安全认证的一个组成部分。另外，我国还在种植业产品生产推行 GAP（良好农业操作规范）和在畜牧业产品、水产品生产加工中实施 HACCP 食品安全管理体系认证。

2001 年，在中央提出发展高产、优质、高效、生态、安全农业的背景下，农业部提出了无公害农产品的概念，并组织实施"无公害食品行动计划"，各地自行制定标准开展了当地的无公害农产品认证。在此基础上，2003 年实现了统一标准、统一标志、统一程序、统一管理、统一监督的全国统一的无公害农产品认证。

2007 年，农业部为了保护具有地域特色的农产品资源，颁布了《农产品地理标志管理办法》（附录 8），在全国范围内登记保护地理标志农产品。农业部也逐渐形成了"三品一标"的整体工作格局。

3. 现阶段我国"三品一标"工作的新定位

2012 年 3 月，农业部印发的《农业部关于进一步加强农产品质量安全监管工作的意见》中明确提出：当前和今后一段时期，"三品一标"的工作重点是稳步推进认证，全面强化监管。"三品一标"已由相对注重发展规模进入更加注重发展质量的新时期，由树立品牌进入提升品牌的新阶段。

无公害农产品，要牢牢把握"推进农业标准化、保障消费安全"这条主线，进一步加强对生产主体质量控制能力的把关，推进发展，提升产品质量。绿色食品，要高标准、严要求，提高认证门槛，走精品化路线，充分发挥优势和市场竞争力，保持稳定的发展态势，不断提升产业素质。有机食品，一定要立足国情，因地制宜，重在依托资源和环境优势，在有条件的地方适度发展，满足国内较高层次消费需求，积极参与国际市场竞争。农产品地理标志，要坚持立足传统农耕文化和特殊地理资源，科学合理规划发展重点，规范有序实施登记保护，确保主体权益、品质特色和品牌价值。

（二）我国农产品质量安全认证的重要性

我国实施农产品质量安全认证的重要性表现在以下三方面。

1. 有利于促进农业可持续发展

农产品质量安全问题主要是由于环境污染而引起的。要解决农产品的质量安全问题，推进农业产业升级，首先要保护好农业生态环境，防止和治理环境污染。从这个意义上说，以安全农产品生产为动力的农业生产方式的转变，必将极大地促进生态环境保护。优质农产品的价格高于普通食品，市场需求旺盛，能够提高农业经济效益；对于我国辽阔的山区和边远农村来说，具有发展安全优质农产品的环境基础，开展农产品质量安全认证，可以增加农产品的环境附加值，增加农民收入，成为解决农民脱贫致富的一条有效途径。

总之，通过安全农产品系列生产技术、规程的实施，不仅可降低农

业成本，提高农产品质量，增加农民收入，同时对保护生态环境也有极大的好处。以此为突破口，必将形成农业生产与农业环境的良性循环，实现农业的可持续发展。

2. 有利于提高农产品质量

随着人民生活水平的提高，我国消费者的环境意识与健康意识不断增强，人们对农产品消费的需求也逐步提高。现在大多数消费者关心的不仅是吃饱的问题，还要求吃好，吃得放心，普遍要求提供安全、优质的农产品。通过农产品质量安全认证，可以规范和约束农业生产行为，减少农产品生产过程的污染，提高农产品的质量安全水平，更好地保障消费者的食物消费安全。

3. 有利于增强农产品国际竞争力

农产品是我国出口创汇产品的重要组成部分，农产品出口额在国家出口创汇额中占有相当的比重。近年来，由于我国农业投入品特别是化学品的大量使用，产生了一系列的环境和农产品质量问题，不仅影响了人们的身体健康，还直接影响了农产品的出口创汇。

为了提高我国农产品质量，提升我国农产品在国际市场的竞争力，打破国际贸易中的"绿色壁垒"，必须实行农产品质量安全认证，发展绿色食品或有机食品，同时也可进行 ISO 9000 质量管理体系和 HACCP（危害分析与关键控制点）等认证，获得国际绿色通行证，打破食品国际"绿色壁垒"，增强农产品国际竞争力。

（三）农产品质量安全认证的特点

农产品认证除具有认证的基本特征外，还具备其自身的特点，这些特点是由农业生产的特点所决定的。

1. 认证的实时性

农业生产季节性强、生产周期长，在农产品生长的一个完整周期中，需要认证机构进行检查和监督，以确保农产品生产过程符合认证标准要求。同时，农业生产受气候条件影响较大，气候条件的变化直接对一些危害农产品质量安全的因子产生影响，比如，直接影响作物病虫害、动物疫病的发生和变化，进而不断改变生产者对农药、兽药等农业投入品的使用，从而产生农产品质量安全风险。因此，对农产品认证的实时性要求高。

2. 认证的全程可控性

农产品生产和消费是一个"从土地到餐桌"的完整过程，要求农产品认证（包括体系认证）遵循全程质量控制的原则，从产地环境条件、生产过程（种植、养殖和加工）到产品包装、运输、销售实行全过程现场认证和管理。

3. 认证的个性差异性

一方面，农产品认证产品种类繁多，认证的对象既有植物类产品，又有动物类产品，物种差异大，产品质量变化幅度大；另一方面，现阶段我国农业生产分散，组织化和标准化程度较低，农产品质量的一致性较差，且由于农民技术水平和文化素质的差异，生产方式有较大的不同。因此，与工业产品认证相比，农产品认证的个案差异较大。

4. 认证的风险评价因素复杂性

农业生产的对象是复杂的动植物生命体，具有多变的、非人为控制因素。农产品受遗传及生态环境影响较大，其变化具有内在规律，不以人的意志为转移，产品质量安全控制的方式、方法多样，与工业产品质量安全控制的工艺性、同一性有很大的不同。

5. 认证的地域特异性

农业生产地域性差异较大，相同品种的作物，在不同地区受气候、土壤、水质等影响，产品质量也会有很大的差异。因此，保障农产品质量安全采取的技术措施也不尽相同，农产品认证的地域性特点比较突出。

第二节
无公害农产品认证

一、无公害农产品的概念

（一）无公害农产品的定义

《无公害农产品管理办法》（附录5）中明确提出：无公害农产品是指产地环境、生产过程、产品质量符合国家有关标准和规范的要求，经认证合格获得认证证书并允许使用无公害农产品标志的未经加工或初加工的食用农产品。也就是使用安全的投入品，按照规定的技术规范生产，产地环境、产品质量符合国家强制性标准并使用特有标志的安全农产品。

（二）无公害农产品的内涵

无公害农产品，也就是安全农产品，或者说是在安全方面合格的农产品，是农产品上市销售的基本条件。但由于无公害农产品的管理是一种质量认证性质的管理，而通常质量认证合格的表示方式是颁发"认证证书"和"认证标志"，并予以注册登记。因此，只有经农业部农产品质量安全中心认证合格，颁发认证证书，并在产品及产品包装上使用全国统一的无公害农产品标志的食用农产品，才是无公害农产品。

二、无公害农产品标志

（一）无公害农产品标志图案

无公害农产品标志图案如下图，标志图案主要由麦穗、对钩和无公害农产品字样组成。

（二）无公害农产品标志的含义

无公害农产品标志整体为绿色，其中麦穗与对钩为金色。绿色象征环保和安全，金色寓意成熟和丰收，麦穗代表农产品，对钩表示合格。标志图案直观、简洁、易于识别，含义通俗易懂。

三、无公害农产品的技术要求

（一）无公害农产品标准

无公害食品标准是无公害农产品认证的技术依据和基础，是判定无公害农产品的尺度。为了使全国无公害农产品生产和加工按照全国统一的技术标准进行，消除不同标准差异，树立标准一致的无公害农产品形象，农业部组织制定了一系列产品标准以及包括产地环境条件、投入品使用、生产管理技术规范、认证管理技术规范等通则类的无公害食品标准，标准系列号为 NY5000。无公害食品标准框架见图 4-1。

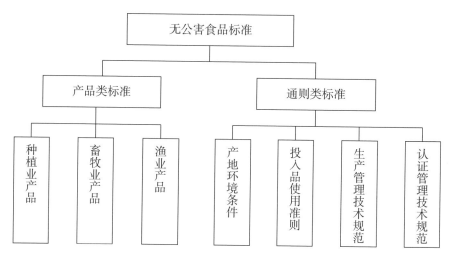

图 4-1 无公害农产品标准体系

无公害食品标准体现了"从农田到餐桌"全程质量控制的思想。标准包括产品标准、投入品使用准则、产地环境条件、生产管理技术规范和认证管理技术规范5个方面，贯穿了"从农田到餐桌"全过程所有关键控制环节，促进了无公害农产品生产、检测、认证及监管的科学性和规范化。

（二）无公害农产品生产技术要求

无公害农产品认证推行"标准化生产、投入品监管、关键点控制、安全性保障"的技术制度。从产地环境、生产过程和产品质量三个重点环节控制危害因素含量，保障农产品的质量安全。由于无公害农产品认证的目的是保障基本安全、满足大众消费，因此在无公害农产品生产过程中，肥料与农药的使用都要遵循国家相关的标准，禁止使用国家明令禁止的农业投入品，在生产过程中没有禁止使用转基因生产技术。

四、无公害农产品的组织与运行

（一）认证机构

对农产品实施无公害认证，是中国政府为确保农产品安全生产、市场准入和公众放心消费，于2003年推出的一种带有行政审批性质的官方评定措施。采取的是产地认定与产品认证相结合的方式进行推动。产地认定由省级农业行政主管部门负责组织实施，重在解决千家万户生产环节的质量安全控制问题；产品认证由农业部农产品质量安全中心统一组织实施。

（二）运行方式

无公害农产品认证不收费，具有社会公益性质，推行的是"标准化生产，投入品监管，关键点控制，安全性保障"管理制度，目的是要解决大宗农产品消费安全和市场准入问题。目前，在有条件的省份实行无公害农产品产地认定与产品认证一体化工作模式。按照农业部的要求，无公害农产品以"推进农业标准化、保障消费安全"为主线，加强对生产主体质量控制能力的把关，稳步推进发展，提升产品质量。

（三）证书管理

无公害农产品产地认定证书与产品认证证书有效期均为三年。在证书到期前90天，获证单位要提出复查换证申请，符合复查换证要求的，由省级农业行政主管部门重新核发产地认定证书，由农业部农产品质量安全中心重新核发产品证书。获得无公害农产品证书的生产企业可以在其获证产品上加施农业部统一的无公害农产品标志。

五、无公害农产品的市场定位

（一）产品质量水平

无公害农产品认证是农产品质量安全工作的重要抓手，其目的是为了规范农业生产、保障基本安全、满足大众需求。因此，无公害农产品的产品标准中大部分指标等同于国内普通食品标准，个别指标高于国内普通食品标准。

（二）产品规模

无公害农产品认证从2003年启动以来，截至2011年年底，全国已认定无公害农产品产地6.7万个，其中种植业产地4.1万个，面积8.7亿亩，约占全国耕地面积的45%；认证无公害农产品近7万个，产品3.7亿吨。

（三）产品价格

据北京市食用农产品安全生产体系建设办公室对全市主要市场中无公害农产品价格调查结果显示，无公害农产品的价格与普通农产品的价格差别不大，这一点也反映了无公害农产品保障基本安全的特性。

（四）消费对象

无公害农产品以初级食用农产品和初加工产品为主，从农业部发展无公害农产品的目的看出，其主要消费对象是普通大众。

第三节
绿色食品认证

一、绿色食品的概念

（一）绿色食品的定义

《绿色食品标志管理办法》（附录 6）中明确：绿色食品是指产自优良环境，按照规定的技术规范生产，实行全程质量控制，无污染、安全、优质并使用专用标志的食用农产品及加工品。开发绿色食品是人类注重保护生态环境的产物，是社会进步和经济发展的产物，也是人们生活水平提高和消费观念改变的产物。

（二）绿色食品的内涵

"绿色食品"概念由中国独创，始于 20 世纪 90 年代初期，是全球农业可持续发展战略背景下产生的产物，引领消费潮流的注册品牌。绿色食品追求的是安全、优质、营养、环保。

二、绿色食品标志及含义

绿色食品标志图案由三部分构成，即上方的太阳、下方的叶片和中心蓓蕾，分别代表了生态环境、植物生长和生命的希望。标志为正圆形，意为保护、安全。

三、绿色食品标志的商标属性

1992 年，国家工商行政管理局、农业部联合发布《关于依法使用、保护"绿色食品"商标标志的通知》，规定农业部统一负责"绿色食品"标志的颁发和使用管理。

　　1996 年，绿色食品标志作为我国第一例质量证明商标，在国家工商行政管理局注册成功。经国家工商行政管理局核准注册的绿色食品质量证明商标共四种形式，分别为绿色食品标志商标、绿色食品中文文字商标、绿色食品英文文字商标及绿色食品标志、文字组合商标，这一质量证明商标受《中华人民共和国商标法》及相关法律法规保护。标志图形核定使用商品类别为第 1、2、3、5、29、30、31、32、33 共九大类，中文文字商标、英文文字商标及标志图形组合商标仅注册了后八类，不包括第一类肥料商品。商标注册人为中国绿色食品发展中心。

绿色食品标志商标

绿色食品中文文字商标

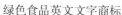

绿色食品英文文字商标

绿色食品标志与文字组合商标

　　之后，中国绿色食品发展中心在其他国家和地区开展了商标注册工作。目前，绿色食品标志已在中国、日本、美国、俄罗斯、英国、法国、葡萄牙、芬兰、澳大利亚、新加坡、中国香港 11 个国家和地区完成注册。

四、绿色食品的技术要求

（一）绿色食品标准

　　绿色食品标准是应用科学技术原理、结合绿色食品生产实践，借鉴国内外相关标准所制定的，在绿色食品生产中必须遵守绿色食品质量认证时所依据的技术性文件。它既是绿色食品生产者的生产技术规范，也是绿色食品认证的基础和质量保证的前提。

绿色食品标准以"从土地到餐桌"全程质量控制为核心，由产地环境标准、生产技术标准（包括生产资料使用准则和生产操作规程）、产品标准、包装标准、贮藏与运输标准和其他相关标准六个部分构成，既保证了绿色食品产品无污染、安全、优质、营养的品质，又保护了产地环境，并使资源得到合理利用，以实现绿色食品的可持续生产，从而构成了一个完整的、科学的绿色食品标准体系，见图4-2。截至2011年年底，绿色食品共发布了164项行业标准，现行有效117项，其中通则类标准13项，产品标准104项。绿色食品标准是推荐性农业行业标准，但对于通过绿色食品认证的生产企业，绿色食品标准为强制性标准。

（二）绿色食品技术要点

绿色食品遵循可持续发展原则，坚持"从土地到餐桌"的全程质量监管理念，在生产过程中限制使用肥料及农药等投入品，明确要求在生产过程中禁止使用转基因生产技术及转基因工程的品种（产品）及制剂。下面以种植业为例简要介绍绿色食品生产中的农药与肥料使用的技术要求。

1. 农药使用要求

优先采用农业措施，通过选用抗病抗虫品种，非化学药剂种子处理，培育壮苗，加强栽培管理，中耕除草，秋季深翻晒土，清洁田园，轮作倒茬、间作套种等一系列措施起到防治病虫草害的作用。尽量利用灯光、色彩诱杀害虫，机械捕捉害虫，机械和人工除草等措施，防治病虫草害。

在以上措施无法满足植保要求，必须使用农药时，应遵守以下原则：

允许使用：中等毒性以下植物源农药、动物源农药、微生物源农药；矿物源农药中的硫制剂、铜制剂；矿物油和植物油制剂。

有限度地使用部分有机合成农药。限制品种：选用低毒和中毒农药。限量使用：施药量、安全间隔期及其在农产品中的最终残留量都要符合《农药安全使用标准》（GB4285）和《农药合理使用准则》（GB8321）的要求。限制次数：每种有机合成农药在一种作物的生长期内只允许使用一次。

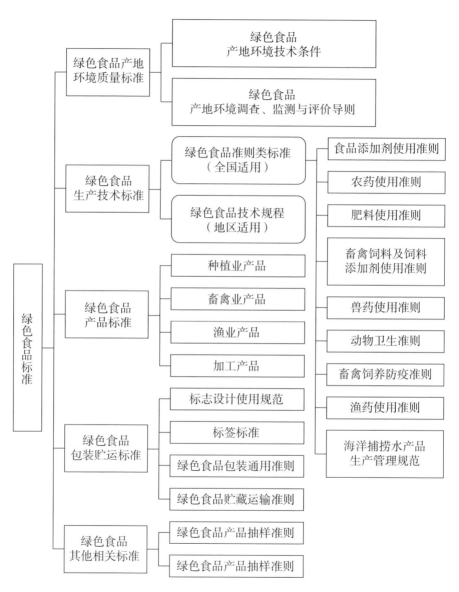

图4-2　绿色食品标准体系

禁止使用：剧毒、高毒、高残留或具有三致毒性（致癌、致畸、致突变）的农药；高毒高残留农药防治贮藏期病虫害。

2.肥料使用要求

允许使用的肥料：

——农家肥：包括堆肥、沤肥、厩肥、沼气肥、绿肥、作物秸秆肥、泥肥、饼肥等。可因地制宜采用秸秆还田、过腹还田、直接翻压还田、覆盖还田等形式。也可利用覆盖、翻压、堆沤等方式合理利用绿肥。腐熟的沼气液、残渣及人畜粪尿可用作追肥。饼肥优先用于水果、蔬菜等作物。

农家肥原则上就地生产就地使用。外来农家肥料应确认符合要求后才能使用。

注意： 农家肥料无论采用何种原料制作堆肥，必须高温发酵，以杀灭各种寄生虫卵和病原菌、杂草种子，使之达到无害化卫生标准。

——商品肥料：包括商品有机肥、腐植酸类肥、微生物肥、有机复合肥、矿物质肥、叶面肥等。叶面肥料质量应符合《含氨基酸叶面肥料》（GB/T 17419）或《含微量元素叶面肥料》（GB/T 17420）的要求，按使用说明稀释，在作物生长期内，喷施 2～3 次。微生物肥料可用于拌种，也可作基肥和追肥使用。使用时应严格按照使用说明书的要求操作。微生物肥料中有效活菌的数量应符合《微生物肥料》（NY 227）的要求。需要注意：商品肥料及新型肥料必须通过国家有关部门的登记认证及生产许可，质量指标应达到国家有关标准的要求。

限制使用的化肥：

——化肥必须与有机肥配合施用，无机氮与有机氮之比不超过 1∶1。

——化肥也可与有机肥、复合微生物肥配合施用。

——允许用少量氮素化肥调节碳氮比。

禁止使用的肥料：

——硝态氮肥。

——未腐熟的饼肥或人粪尿。

——城市垃圾和污泥、医院的粪便垃圾。

——含有害物质（如毒气、病原微生物、重金属等）的工业垃圾。

五、绿色食品的组织与运行

（一）认证机构

发展绿色食品，是中国农业部的一项重要职能，中国绿色食品发展中心按照农业部的要求负责具体工作，打造中国农产品的精品和名品。由于各级政府和农业部门的大力推动保护，在我国绿色食品已经具有很强的消费信任度和品牌忠实率，是国家安全、优质农产品和食品的象征。

（二）运行方式

绿色食品认证推行"两端监测、过程控制、质量认证、标志管理"的技术制度，目的是要通过标准化生产，提高农产品生产技术与管理水平，提升农产品质量安全水平，树立精品品牌形象。绿色食品较之无公害农产品而言，除了鲜活农产品外，还包括食用的加工农产品。认证的对象既有农产品生产企业，也有农产品加工企业。在整个认证过程中，不单独对生产基地进行认定，而是通过地方政府不断创建大型绿色食品原料生产基地，实现规模的迅速扩大。按照农业部的要求，绿色食品将坚持高标准、严要求，走精品化路线，充分发挥品牌优势和市场竞争力，保持稳定的发展态势，不断提升产业整体素质。

（三）证书管理

绿色食品认证证书有效期为三年。在证书到期前 90 天，获证单位要提出续展认证申请，符合续展认证要求的，经省级工作机构现场检查确认后，报中国绿色食品发展中心重新核发产品证书。获得绿色食品认证的生产企业可以在其获证产品上使用经注册的全国统一的绿色食品商标

标志，获证企业在其包装物上印刷绿色食品标志要符合相关要求。

六、绿色食品的市场定位

（一）产品质量水平

绿色食品具有科学、完善的标准体系，注重"从土地到餐桌"全程质量控制过程，其产品除安全属性外，还兼顾产品的优质和营养。绿色食品标准整体严于无公害农产品，部分指标达到发达国家普通食品标准。

（二）产品规模

绿色食品事业开始于 20 世纪 90 年代，经过 20 余年的发展，截至 2011 年年底，全国有效使用绿色食品标志的企业总数为 6 622 家，产品总数为 16 825 个，产地环境监测面积 2.4 亿亩，产品总量达到 7 260.02 万吨。在绿色食品产品结构中，农林产品及加工产品占 70%，畜禽产品占 7.3%，水产品占 3.9%，饮料类产品占 10.2%，其他类产品占 8.6%。

（三）产品价格

据北京市食用农产品安全生产体系建设办公室对全市主要市场中绿色食品价格调查结果显示，绿色食品的价格较普通食品的价格平均高 10% ～ 20%，这一点体现了绿色食品的品牌优势，生产企业通过绿色食品认证实现了增收。

（四）消费对象

绿色食品以初级食用农产品为基础，加工产品为主体。经过 20 多年的发展，绿色食品已经成为了极具市场价值的中国农产品质量安全公共品牌，有了相当高的市场知名度和相对稳定的消费群体。从绿色食品的价格优势可以看出，其主要消费对象是大中城市高收入阶层。

第四节 有机产品认证

一、有机产品的概念

（一）有机农业的概念

2011年修订的国家标准《有机产品》（GB19630-2011）中规定，有机农业指遵照特定的农业生产原则，在生产中不采用基因工程获得的生物及其产物，不使用化学合成的农药、化肥、生长调节剂、饲料添加剂等物质，遵循自然规律和生态学原理，协调种植业和养殖业的平衡，采用一系列可持续的农业技术以维持持续稳定的农业生产体系的一种农业生产方式。

（二）有机产品的概念

《有机产品》国家标准中，有机产品指按照有机产品国家标准生产、加工、销售的供人类消费、动物食用的产品。

（三）有机农产品的内涵

农业部推行的"三位一体、整体推进"的工作格局中的"三位"指的是有机农产品，而国外普遍称为"有机食品"，《有机产品》国家标准中涵盖了有机农产品和有机食品。我们通常所说的有机农产品包括谷物、蔬菜、食用菌、水果、奶类、畜禽产品和水产品等。在我国，有机农产品除了可供食用的农产品外，还包括用于纺织用的棉、麻及天然纤维等非食用农产品。

二、有机产品标志

（一）有机产品标志图案

有机产品在全球范围内无统一标志。我国的有机产品标志分为"中国有机产品"认证标志和"中国有机转换产品"认证标志两种，标志图案主要由三部分组成，即外围的圆形、中间的种子图形及其周围的环形线条。"中国有机产品"图形主体颜色为绿色和橙色，"中国有机转换产品"图形主体颜色为褐色和橙色。

中国有机产品标志

中国有机转换产品标志

（二）有机产品标志的含义

有机产品标志外围的圆形形似地球，象征和谐、安全，圆形中的"中国有机产品"和"中国有机转换产品"字样为中英文结合方式，既表示中国有机食品与世界同行，也有利于国内外消费者识别。

标志中间类似种子的菜代表生命萌发之际的勃勃生机，象征了有机产品是从种子开始的全过程认证，同时昭示出有机产品就如同刚刚萌生的种子，正在中国大地上茁壮成长。

种子图形周围圆润自如的线条免征环形的道路，与种子图形合并构成汉字中，体现了有机产品植根中国，有机之路越走越宽广。同时，牌平面的环形又是英文字母"C"的变体，种子开关也是"O"的变体，意为"China Organic"。

按照新版《有机产品认证实施规则》（CNCA-N-009：2011）（附录7）要求，"认证机构要公开获证组织使用中国有机产品认证标志、认证证书和认证机构标识或名称的要求。"目前，经国家认监委认可的有机农产品认证机构有 22 家，多数机构有自己的认证标识，并通过宣传材料及网络公开其机构标识。

三、有机产品的技术要求

（一）有机产品标准

有机产品是一个"舶来品"。我国有机产品标准是参考国际有机农业和有机农产品的法规与标准制定的，2005 年 4 月 1 日正式实施了有机产品的国家标准《有机产品》（GB/T 19630），2011 年进行了修订，于 2012 年 4 月 1 日起正式实施新的有机产品的国家标准。

有机产品国家标准分为四个部分：生产、加工、标识与销售和管理体系。生产部分规定了植物、动物和微生物产品的有机生产通用规范和要求；加工部分规定了有机加工的通用规范和要求；标识与销售部分规定了有机产品标识和销售的通用规范和要求；管理体系部分规定了有机产品生产、加工、经营过程中应建立和维护的管理体系的通用规范和要求。

严格地说，有机产品标准还没有形成体系，其结构见图 4-3。该标准为推荐性国家标准，与绿色食品标准相同，对于通过有机产品认证的生

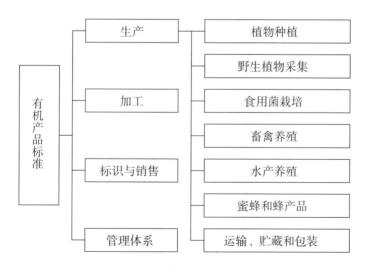

图 4-3　有机产品标准结构

产企业，该标准为强制性标准。

有机产品国家标准只是原则性地规定了生产和加工等要求，属于指导性标准，各生产企业需结合本企业实际情况，制定适用于本企业的生产技术规程等内容。

（二）有机产品生产技术要求

有机食品从环境保护及农业的可持续发展角度出发，排斥转基因技术和化学投入品，以避免有机食品牛产体系受到外来物质污染。就农作物生产而言，有机农产品生产中要求在有机和常规生产区域之间设置有效的缓冲带或物理屏障；选择有机种子或植物繁殖材料；提倡通过间套作等方式增加生物多样性、提高土壤肥力、增强有机植物的抗病能力；通过回收、再生和补充土壤有机质和养分来补充因植物收获而从土壤带走的有机质和土壤养分；采用种植豆科植物、免耕或土地休闲等措施进行土壤肥力的恢复。

四、有机产品的组织与运行

（一）认证机构

我国有机产品认证依据国际惯例，完全实行企业化运作模式。自1994年国家环境保护局有机食品发展中心（后改称为"国家环境保护总局有机食品发展中心"，简称 OFDC）成立后，2003 年前，我国只有 OFDC 和 OFDC 茶叶分中心独立后成立的有机茶认证中心两家认证机构。2003 年，全国各地纷纷成立了大大小小的各种类型的有机产品认证机构，其中一些是新成立的，也有一些是在开展 ISO 标准体系认证机构的基础上扩大业务工作范围的。期间，一些国外的有机认证机构也在中国开展有机产品认证业务。2003 年，《中华人民共和国认证认可条例》颁布实施后，进一步规范了有机产品认证机构。目前，经国家认证认可监督管理委员会批准开展有机农产品认证的机构有 22 家。

（二）运行方式

有机产品认证是一种社会化的经营性认证行为，重在企业诚信，包括认证机构和生产企业的双方的诚信。有机产品认证过程重在对生产过程的控制，强调生产过程的相对独立及体系内部能量与物质的循环，实行检查员制度，国外通常只进行检查，国内以检查为主，必要时需进行环境检测和产品检测，检测是对检查结果的验证。一般情况下，企业在申请有机产品认证过程中都需要经历一个转换期，即从按照有机产品标准开始管理至生产单元和产品获得有机认证之间的时段。转换期因产品不同而不同，一年生植物的转换期至少为播种前的 24 个月，草场和多年生饲料作物的转换期至少为有机饲料收获前的 24 个月，饲料作物以外的其他多年生植物的转换期至少为收获前的 36 个月。通过发展有机农业，实现对农业生产环境的保护及农业资源的循环再利用。按照农业部的要求，有机食品要立足国情，因地制宜，重在着手资源和环境优势，在有条件的地方适度发展，满足国内较高层次消费需求，积极参与国际市场竞争。

（三）证书管理

2011 版《有机产品认证实施规则》规定：有机产品认证证书有效期为一年；获证组织应至少在认证证书有效期结束前 3 个月向认证机构提出再认证申请；获证组织的有机产品管理体系和生产、加工过程未发生变更时，可适当简化申请评审和文件评审程序；认证机构应当在认证证书有效期内进行再认证检查；认证证书的编号应当从"中国食品农产品认证信息系统"中获取，认证机构不得自行编制认证证书编号发放认证证书。初次获得有机转换产品认证证书一年内生产的有机转换产品，只能以常规产品销售，不得使用有机转换产品认证标志及相关文字说明。

五、有机产品的市场定位

（一）产品质量水平

有机产品强调按照有机农业的方式进行生产，其宗旨是对农业生态环境的保护，实现农业可持续发展，其生产过程中重视污染控制。有机农业生产体系中应采取必要的措施防止体系外的灌溉水、肥料等物质对有机产品生产体系的污染，同时也要求在有机产品生产过程不能对生产体系外部的环境造成新的污染。

（二）产品规模

我国有机产品发展始于 20 世纪 90 年代，2003 年后进入快速发展阶段。截至 2009 年年底，全国有机产品生产企业 3 812 个，有机生产面积 326.8 万公顷，有机转换生产面积 35.3 万公顷，国内销售额 100.6 亿元，出口额 4.64 亿美元。

（三）产品价格

据北京市食用农产品安全生产体系建设办公室对全市主要市场中有机产品价格调查结果显示，有机产品的价格较高于普通食品价格的 50% 到几倍，这一点也反映了有机产品在环境保护方面体现出的产品附加值，也体现了有机产品满足特定消费人群的市场定位。

（四）消费对象

有机产品以初级农产品和初加工产品为主，就其发展理念来说，有机产品是环保行为的副产品，即通过有机农业这种替代农业的生产方式实现了保护环境的目的，通过这种生产方式生产的产品即为有机产品。从有机产品的发展理念和其价格定位来说，其主要消费市场为国际市场及国内大中城市，主要消费对象是具有特定消费理念的人群。

第五节
农产品地理标志登记保护

一、农产品地理标志的概念

（一）农产品地理标志的定义

2007年12月25日中华人民共和国农业部第11号部长令颁布的《农产品地理标志管理办法》中规定："农产品地理标志，是指标示农产品来源于特定地域，产品品质和相关特征主要取决于自然生态环境和历史人文因素，并以地域名称冠名的特有农产品标志"。

（二）农产品地理标志的内涵

农产品地理标志登记保护，是发展现代农业、特色农业、品牌农业的有效举措。我国农业历史悠久，农耕文化底蕴深厚，农业区划多样，千百年来形成了一大批独具地域特色和独特品质的农产品地理标志资源。农产品地理标志的定义中所指的农产品地理标志具有"三独一特一限定"的特征，"三独"指独特的品质特性、自然生产环境和人文历史因素，"一特"指特定的生产方式，"一限定"指限定的生产区域范围。

二、农产品地理标志

（一）农产品地理标志图案

农产品地理标志实行公共标识与地域产品名称相结合的标注制度，由中华人民共和国农业部中英文字样、农产品地理标志中英文字样和麦穗、地球、日月图案等元素构成。

农产品地理标志

（二）农产品地理标志的含义

公共标识中的麦穗代表生命与农产品，橙色寓意成熟和丰收，绿色象征农业和环保。图案整体体现了农产品地理标志与地球、人类共存的内涵。

三、农产品地理标志登记的组织与运行

（一）登记部门

1994 年颁布、2002 年修订的《中华人民共和国农业法》中规定："符合规定产地及生产规范要求的农产品可以依照有关法律或者行政法规的规定申请使用农产品地理标志"。这说明开展农产品地理标志登记工作是农业部门的重要职责。

农业部负责全国农产品地理标志登记保护工作。农业部农产品质量安全中心负责农产品地理标志登记审查、专家评审和对外公示工作。省级人民政府农业行政主管部门负责本行政区域内农产品地理标志登记保护申请的受理和初审工作。农业部设立的农产品地理标志登记专家评审委员会负责专家评审。

（二）运行方式

农产品地理标志登记管理是一项服务于广大农产品生产者的公益行为，主要依托政府推动，登记不收取费用。《农产品地理标志管理办法》规定，县级以上人民政府农业行政主管部门应当将农产品地理标志管理经费编入本部门年度预算。县级以上地方人民政府农业行政主管部门应当将农产品地理标志登记保护和利用纳入本地区的农业和农村经济发展规划，并在政策、资金等方面予以支持。按照农业部的要求，农产品地理标志要立足传统农耕文化和特殊地理资源、科学合理规划发展重点，规范有序登记保护，确保主体权益、品质特色和品牌价值。

（三）证书管理

农产品地理标志证书由农业部颁发，农产品地理标志登记证书长期有效。符合农产品地理标志使用条件的单位和个人，可以向登记证书持有人申请使用农产品地理标志。使用农产品地理标志，应当按照生产经营年度与登记证书持有人签订农产品地理标志使用协议。农产品标志登记证书持有人不得向农产品地理标志使用人收取使用费。

四、无公害农产品的市场定位

农业部自 2008 年启动农产品地理标志登记保护工作以来，在各级农业部门的积极努力下，截至 2011 年年底，全国登记保护的农产品地理标志 835 个。由于地理标志农产品所独具的与自然条件和历史人文相关的独特品质，提升了农产品地理标志的品牌影响力，一些登记保护地理标志的农产品的价格较普通农产品高几倍，十几倍甚至几十倍。

延庆国光苹果

通州大樱桃

御林古桑园

安定桑葚

思考题：

1. 你眼中的质量安全认证类型都有哪些?

2. 谈谈你身边的无公害农产品。

3. 谈谈你在市场中见到的绿色食品。

4. 谈谈你对身边的有机产品的质量安全生产的评价。

5. 你对农产品地理标志的人文历史和独特的品质如何理解。

附录 1

中华人民共和国主席令

第四十九号

《中华人民共和国农产品质量安全法》已由中华人民共和国第十届全国人民代表大会常务委员会第二十一次会议于 2006 年 4 月 29 日通过，现予公布，自 2006 年 11 月 1 日起施行。

中华人民共和国主席　　胡锦涛

2006 年 4 月 29 日

中华人民共和国农产品质量安全法

目　录

第一章　总　则

第一条　为保障农产品质量安全，维护公众健康，促进农业和农村经济发展，制定本法。

第二条　本法所称农产品，是指来源于农业的初级产品，即在农业活动中获得的植物、动物、微生物及其产品。

本法所称农产品质量安全，是指农产品质量符合保障人的健康、安全的要求。

第三条　县级以上人民政府农业行政主管部门负责农产品质量安全的监督管理工作；县级以上人民政府有关部门按照职责分工，负责农产品质量安全的有关工作。

第四条　县级以上人民政府应当将农产品质量安全管理工作纳入本级国民经济和社会发展规划，并安排农产品质量安全经费，用于开展农产品质量安全工作。

第五条　县级以上地方人民政府统一领导、协调本行政区域内的农产品质量安全工作，并采取措施，建立健全农产品质量安全服务体系，提高农产品质量安全水平。

第六条　国务院农业行政主管部门应当设立由有关方面专家组成的农产品质量安全风险评估专家委员会，对可能影响农产品质量安全的潜在危害进行风险分析和评估。

国务院农业行政主管部门应当根据农产品质量安全风险评估结果采取相应的管理措施，并将农产品质量安全风险评估结果及时通报国务院有关部门。

第七条　国务院农业行政主管部门和省、自治区、直辖市人民政府农业行政主管部门应当按照职责权限，发布有关农产品质量安全状况信息。

第八条　国家引导、推广农产品标准化生产，鼓励和支持生产优质农产品，禁止生产、销售不符合国家规定的农产品质量安全标准的农产品。

第九条　国家支持农产品质量安全科学技术研究，推行科学的质量安全管理方法，推广先进安全的生产技术。

第十条　各级人民政府及有关部门应当加强农产品质量安全知识的宣传，提高公众的农产品质量安全意识，引导农产品生产者、销售者加强质量安全管理，保障农产品消费安全。

第二章　农产品质量安全标准

第十一条　国家建立健全农产品质量安全标准体系。农产品质量安全标准是强制性的技术规范。

农产品质量安全标准的制定和发布，依照有关法律、行政法规的规定执行。

第十二条　制定农产品质量安全标准应当充分考虑农产品质量安全风险评估结果，并听取农产品生产者、销售者和消费者的意见，保障消费安全。

第十三条　农产品质量安全标准应当根据科学技术发展水平以及农产品质量安全的需要，及时修订。

第十四条　农产品质量安全标准由农业行政主管部门商有关部门组织实施。

第三章　农产品产地

第十五条　县级以上地方人民政府农业行政主管部门按照保障农产品质量安全的要求，根据农产品品种特性和生产区域大气、土壤、水体中有毒有害物质状况等因素，认为不适宜特定农产品生产的，提出禁止生产的区域，报本级人民政府批准后公布。具体办法由国务院农业行政主管部门商国务院环境保护行政主管部门制定。

农产品禁止生产区域的调整，依照前款规定的程序办理。

第十六条　县级以上人民政府应当采取措施，加强农产品基地建设，改善农产品的生产条件。

县级以上人民政府农业行政主管部门应当采取措施，推进保障农产品质量安全的标准化生产综合示范区、示范农场、养殖小区和无规定动植物疫病区的建设。

第十七条 禁止在有毒有害物质超过规定标准的区域生产、捕捞、采集食用农产品和建立农产品生产基地。

第十八条 禁止违反法律、法规的规定向农产品产地排放或者倾倒废水、废气、固体废物或者其他有毒有害物质。

农业生产用水和用作肥料的固体废物，应当符合国家规定的标准。

第十九条 农产品生产者应当合理使用化肥、农药、兽药、农用薄膜等化工产品，防止对农产品产地造成污染。

第四章　农产品生产

第二十条 国务院农业行政主管部门和省、自治区、直辖市人民政府农业行政主管部门应当制定保障农产品质量安全的生产技术要求和操作规程。县级以上人民政府农业行政主管部门应当加强对农产品生产的指导。

第二十一条 对可能影响农产品质量安全的农药、兽药、饲料和饲料添加剂、肥料、兽医器械，依照有关法律、行政法规的规定实行许可制度。

国务院农业行政主管部门和省、自治区、直辖市人民政府农业行政主管部门应当定期对可能危及农产品质量安全的农药、兽药、饲料和饲料添加剂、肥料等农业投入品进行监督抽查，并公布抽查结果。

第二十二条 县级以上人民政府农业行政主管部门应当加强对农业投入品使用的管理和指导，建立健全农业投入品的安全使用制度。

第二十三条 农业科研教育机构和农业技术推广机构应当加强对农产品生产者质量安全知识和技能的培训。

第二十四条 农产品生产企业和农民专业合作经济组织应当建立农产品生产记录，如实记载下列事项：

（一）使用农业投入品的名称、来源、用法、用量和使用、停用的日期；

（二）动物疫病、植物病虫草害的发生和防治情况；

（三）收获、屠宰或者捕捞的日期。

农产品生产记录应当保存二年。禁止伪造农产品生产记录。

国家鼓励其他农产品生产者建立农产品生产记录。

第二十五条 农产品生产者应当按照法律、行政法规和国务院农业行政主管部门的规定，合理使用农业投入品，严格执行农业投入品使用安全间隔期或者休药期的规定，防止危及农产品质量安全。

禁止在农产品生产过程中使用国家明令禁止使用的农业投入品。

第二十六条 农产品生产企业和农民专业合作经济组织，应当自行或者委托检测机构对农产品质量安全状况进行检测；经检测不符合农产品质量安全标准的农产品，不得销售。

第二十七条 农民专业合作经济组织和农产品行业协会对其成员应当及时提供生产技术服务，建立农产品质量安全管理制度，健全农产品质量安全控制体系，加强自律管理。

第五章 农产品包装和标识

第二十八条 农产品生产企业、农民专业合作经济组织以及从事农产品收购的单位或者个人销售的农产品，按照规定应当包装或者附加标识的，须经包装或者附加标识后方可销售。包装物或者标识上应当按照规定标明产品的品名、产地、生产者、生产日期、保质期、产品质量等级等内容；使用添加剂的，还应当按照规定标明添加剂的名称。具体办法由国务院农业行政主管部门制定。

第二十九条 农产品在包装、保鲜、贮存、运输中所使用的保鲜剂、防腐剂、添加剂等材料，应当符合国家有关强制性的技术规范。

第三十条 属于农业转基因生物的农产品，应当按照农业转基因生物安全管理的有关规定进行标识。

第三十一条　依法需要实施检疫的动植物及其产品，应当附具检疫合格标志、检疫合格证明。

第三十二条　销售的农产品必须符合农产品质量安全标准，生产者可以申请使用无公害农产品标志。农产品质量符合国家规定的有关优质农产品标准的，生产者可以申请使用相应的农产品质量标志。

禁止冒用前款规定的农产品质量标志。

第六章　监督检查

第三十三条　有下列情形之一的农产品，不得销售：

（一）含有国家禁止使用的农药、兽药或者其他化学物质的；

（二）农药、兽药等化学物质残留或者含有的重金属等有毒有害物质不符合农产品质量安全标准的；

（三）含有的致病性寄生虫、微生物或者生物毒素不符合农产品质量安全标准的；

（四）使用的保鲜剂、防腐剂、添加剂等材料不符合国家有关强制性的技术规范的；

（五）其他不符合农产品质量安全标准的。

第三十四条　国家建立农产品质量安全监测制度。县级以上人民政府农业行政主管部门应当按照保障农产品质量安全的要求，制定并组织实施农产品质量安全监测计划，对生产中或者市场上销售的农产品进行监督抽查。监督抽查结果由国务院农业行政主管部门或者省、自治区、直辖市人民政府农业行政主管部门按照权限予以公布。

监督抽查检测应当委托符合本法第三十五条规定条件的农产品质量安全检测机构进行，不得向被抽查人收取费用，抽取的样品不得超过国务院农业行政主管部门规定的数量。上级农业行政主管部门监督抽查的农产品，下级农业行政主管部门不得另行重复抽查。

第三十五条　农产品质量安全检测应当充分利用现有的符合条件的检测机构。

从事农产品质量安全检测的机构，必须具备相应的检测条件和能力，由省级以上人民政府农业行政主管部门或者其授权的部门考核合格。具体办法由国务院农业行政主管部门制定。

农产品质量安全检测机构应当依法经计量认证合格。

第三十六条　农产品生产者、销售者对监督抽查检测结果有异议的，可以自收到检测结果之日起五日内，向组织实施农产品质量安全监督抽查的农业行政主管部门或者其上级农业行政主管部门申请复检。

采用国务院农业行政主管部门会同有关部门认定的快速检测方法进行农产品质量安全监督抽查检测，被抽查人对检测结果有异议的，可以自收到检测结果时起四小时内申请复检。复检不得采用快速检测方法。

因检测结果错误给当事人造成损害的，依法承担赔偿责任。

第三十七条　农产品批发市场应当设立或者委托农产品质量安全检测机构，对进场销售的农产品质量安全状况进行抽查检测；发现不符合农产品质量安全标准的，应当要求销售者立即停止销售，并向农业行政主管部门报告。

农产品销售企业对其销售的农产品，应当建立健全进货检查验收制度；经查验不符合农产品质量安全标准的，不得销售。

第三十八条　国家鼓励单位和个人对农产品质量安全进行社会监督。任何单位和个人都有权对违反本法的行为进行检举、揭发和控告。有关部门收到相关的检举、揭发和控告后，应当及时处理。

第三十九条　县级以上人民政府农业行政主管部门在农产品质量安全监督检查中，可以对生产、销售的农产品进行现场检查，调查了解农产品质量安全的有关情况，查阅、复制与农产品质量安全有关的记录和其他资料；对经检测不符合农产品质量安全标准的农产品，有权查封、扣押。

第四十条　发生农产品质量安全事故时，有关单位和个人应当采取控制措施，及时向所在地乡级人民政府和县级人民政府农业行政主管部门报告；收到报告的机关应当及时处理并报上一级人民政府和有关部门。

发生重大农产品质量安全事故时，农业行政主管部门应当及时通报同级食品药品监督管理部门。

第四十一条 县级以上人民政府农业行政主管部门在农产品质量安全监督管理中，发现有本法第三十三条所列情形之一的农产品，应当按照农产品质量安全责任追究制度的要求，查明责任人，依法予以处理或者提出处理建议。

第四十二条 进口的农产品必须按照国家规定的农产品质量安全标准进行检验；尚未制定有关农产品质量安全标准的，应当依法及时制定，未制定之前，可以参照国家有关部门指定的国外有关标准进行检验。

第七章 法律责任

第四十三条 农产品质量安全监督管理人员不依法履行监督职责，或者滥用职权的，依法给予行政处分。

第四十四条 农产品质量安全检测机构伪造检测结果的，责令改正，没收违法所得，并处五万元以上十万元以下罚款，对直接负责的主管人员和其他直接责任人员处一万元以上五万元以下罚款；情节严重的，撤销其检测资格；造成损害的，依法承担赔偿责任。

农产品质量安全检测机构出具检测结果不实，造成损害的，依法承担赔偿责任；造成重大损害的，并撤销其检测资格。

第四十五条 违反法律、法规规定，向农产品产地排放或者倾倒废水、废气、固体废物或者其他有毒有害物质的，依照有关环境保护法律、法规的规定处罚；造成损害的，依法承担赔偿责任。

第四十六条 使用农业投入品违反法律、行政法规和国务院农业行政主管部门的规定的，依照有关法律、行政法规的规定处罚。

第四十七条 农产品生产企业、农民专业合作经济组织未建立或者未按照规定保存农产品生产记录的，或者伪造农产品生产记录的，责令限期改正；逾期不改正的，可以处二千元以下罚款。

第四十八条 违反本法第二十八条规定，销售的农产品未按照规定进行包装、标识的，责令限期改正；逾期不改正的，可以处二千元以下罚款。

第四十九条　有本法第三十三条第四项规定情形，使用的保鲜剂、防腐剂、添加剂等材料不符合国家有关强制性的技术规范的，责令停止销售，对被污染的农产品进行无害化处理，对不能进行无害化处理的予以监督销毁；没收违法所得，并处二千元以上二万元以下罚款。

第五十条　农产品生产企业、农民专业合作经济组织销售的农产品有本法第三十三条第一项至第三项或者第五项所列情形之一的，责令停止销售，追回已经销售的农产品，对违法销售的农产品进行无害化处理或者予以监督销毁；没收违法所得，并处二千元以上二万元以下罚款。

农产品销售企业销售的农产品有前款所列情形的，依照前款规定处理、处罚。

农产品批发市场中销售的农产品有第一款所列情形的，对违法销售的农产品依照第一款规定处理，对农产品销售者依照第一款规定处罚。

农产品批发市场违反本法第三十七条第一款规定的，责令改正，并处二千元以上二万元以下罚款。

第五十一条　违反本法第三十二条规定，冒用农产品质量标志的，责令改正，没收违法所得，并处二千元以上二万元以下罚款。

第五十二条　本法第四十四条、第四十七条至第四十九条、第五十条第一款、第四款和第五十一条规定的处理、处罚，由县级以上人民政府农业行政主管部门决定；第五十条第二款、第三款规定的处理、处罚，由工商行政管理部门决定。

法律对行政处罚及处罚机关有其他规定的，从其规定。但是，对同一违法行为不得重复处罚。

第五十三条　违反本法规定，构成犯罪的，依法追究刑事责任。

第五十四条　生产、销售本法第三十三条所列农产品，给消费者造成损害的，依法承担赔偿责任。

农产品批发市场中销售的农产品有前款规定情形的，消费者可以向

农产品批发市场要求赔偿；属于生产者、销售者责任的，农产品批发市场有权追偿。消费者也可以直接向农产品生产者、销售者要求赔偿。

第八章　附　则

第五十五条　生猪屠宰的管理按照国家有关规定执行。

第五十六条　本法自 2006 年 11 月 1 日起施行。

附录 2

中华人民共和国主席令

第九号

《中华人民共和国食品安全法》已由中华人民共和国第十一届全国人民代表大会常务委员会第七次会议于 2009 年 2 月 28 日通过，现予公布，自 2009 年 6 月 1 日起施行。

中华人民共和国主席　　胡锦涛

2009 年 2 月 28 日

中华人民共和国食品安全法

目　录

第一章 总　则

第一条　为保证食品安全，保障公众身体健康和生命安全，制定本法。

第二条　在中华人民共和国境内从事下列活动，应当遵守本法：

（一）食品生产和加工（以下称食品生产），食品流通和餐饮服务（以下称食品经营）；

（二）食品添加剂的生产经营；

（三）用于食品的包装材料、容器、洗涤剂、消毒剂和用于食品生产经营的工具、设备（以下称食品相关产品）的生产经营；

（四）食品生产经营者使用食品添加剂、食品相关产品；

（五）对食品、食品添加剂和食品相关产品的安全管理。

供食用的源于农业的初级产品（以下称食用农产品）的质量安全管理，遵守《中华人民共和国农产品质量安全法》的规定。但是，制定有关食用农产品的质量安全标准、公布食用农产品安全有关信息，应当遵守本法的有关规定。

第三条　食品生产经营者应当依照法律、法规和食品安全标准从事生产经营活动，对社会和公众负责，保证食品安全，接受社会监督，承担社会责任。

第四条　国务院设立食品安全委员会，其工作职责由国务院规定。

国务院卫生行政部门承担食品安全综合协调职责，负责食品安全风险评估、食品安全标准制定、食品安全信息公布、食品检验机构的资质认定条件和检验规范的制定，组织查处食品安全重大事故。

国务院质量监督、工商行政管理和国家食品药品监督管理部门依照本法和国务院规定的职责，分别对食品生产、食品流通、餐饮服务活动实施监督管理。

第五条　县级以上地方人民政府统一负责、领导、组织、协调本行政区域的食品安全监督管理工作，建立健全食品安全全程监督管理的工作机制；统一领导、指挥食品安全突发事件应对工作；完善、落实食品安全监督管理责任制，对食品安全监督管理部门进行评议、考核。

县级以上地方人民政府依照本法和国务院的规定确定本级卫生行政、农业行政、质量监督、工商行政管理、食品药品监督管理部门的食品安全监督管理职责。有关部门在各自职责范围内负责本行政区域的食品安全监督管理工作。

上级人民政府所属部门在下级行政区域设置的机构应当在所在地人民政府的统一组织、协调下，依法做好食品安全监督管理工作。

第六条　县级以上卫生行政、农业行政、质量监督、工商行政管理、食品药品监督管理部门应当加强沟通、密切配合，按照各自职责分工，依法行使职权，承担责任。

第七条　食品行业协会应当加强行业自律，引导食品生产经营者依法生产经营，推动行业诚信建设，宣传、普及食品安全知识。

第八条　国家鼓励社会团体、基层群众性自治组织开展食品安全法律、法规以及食品安全标准和知识的普及工作，倡导健康的饮食方式，增强消费者食品安全意识和自我保护能力。

新闻媒体应当开展食品安全法律、法规以及食品安全标准和知识的公益宣传，并对违反本法的行为进行舆论监督。

第九条　国家鼓励和支持开展与食品安全有关的基础研究和应用研究，鼓励和支持食品生产经营者为提高食品安全水平采用先进技术和先进管理规范。

第十条　任何组织或者个人有权举报食品生产经营中违反本法的行为，有权向有关部门了解食品安全信息，对食品安全监督管理工作提出意见和建议。

第二章　食品安全风险监测和评估

第十一条　国家建立食品安全风险监测制度，对食源性疾病、食品污染以及食品中的有害因素进行监测。

国务院卫生行政部门会同国务院有关部门制定、实施国家食品安全风险监测计划。省、自治区、直辖市人民政府卫生行政部门根据国家食品安全风险监测计划，结合本行政区域的具体情况，组织制定、实施本行政区域的食品安全风险监测方案。

第十二条 国务院农业行政、质量监督、工商行政管理和国家食品药品监督管理等有关部门获知有关食品安全风险信息后，应当立即向国务院卫生行政部门通报。国务院卫生行政部门会同有关部门对信息核实后，应当及时调整食品安全风险监测计划。

第十三条 国家建立食品安全风险评估制度，对食品、食品添加剂中生物性、化学性和物理性危害进行风险评估。

国务院卫生行政部门负责组织食品安全风险评估工作，成立由医学、农业、食品、营养等方面的专家组成的食品安全风险评估专家委员会进行食品安全风险评估。

对农药、肥料、生长调节剂、兽药、饲料和饲料添加剂等的安全性评估，应当有食品安全风险评估专家委员会的专家参加。

食品安全风险评估应当运用科学方法，根据食品安全风险监测信息、科学数据以及其他有关信息进行。

第十四条 国务院卫生行政部门通过食品安全风险监测或者接到举报发现食品可能存在安全隐患的，应当立即组织进行检验和食品安全风险评估。

第十五条 国务院农业行政、质量监督、工商行政管理和国家食品药品监督管理等有关部门应当向国务院卫生行政部门提出食品安全风险评估的建议，并提供有关信息和资料。

国务院卫生行政部门应当及时向国务院有关部门通报食品安全风险评估的结果。

第十六条 食品安全风险评估结果是制定、修订食品安全标准和对食品安全实施监督管理的科学依据。

食品安全风险评估结果得出食品不安全结论的，国务院质量监督、工商行政管理和国家食品药品监督管理部门应当依据各自职责立即采取相应措施，确保该食品停止生产经营，并告知消费者停止食用；需要制定、修订相关食品安全国家标准的，国务院卫生行政部门应当立即制定、修订。

第十七条　国务院卫生行政部门应当会同国务院有关部门，根据食品安全风险评估结果、食品安全监督管理信息，对食品安全状况进行综合分析。对经综合分析表明可能具有较高程度安全风险的食品，国务院卫生行政部门应当及时提出食品安全风险警示，并予以公布。

第三章　食品安全标准

第十八条　制定食品安全标准，应当以保障公众身体健康为宗旨，做到科学合理、安全可靠。

第十九条　食品安全标准是强制执行的标准。除食品安全标准外，不得制定其他的食品强制性标准。

第二十条　食品安全标准应当包括下列内容：

（一）食品、食品相关产品中的致病性微生物、农药残留、兽药残留、重金属、污染物质以及其他危害人体健康物质的限量规定；

（二）食品添加剂的品种、使用范围、用量；

（三）专供婴幼儿和其他特定人群的主辅食品的营养成分要求；

（四）对与食品安全、营养有关的标签、标识、说明书的要求；

（五）食品生产经营过程的卫生要求；

（六）与食品安全有关的质量要求；

（七）食品检验方法与规程；

（八）其他需要制定为食品安全标准的内容。

第二十一条　食品安全国家标准由国务院卫生行政部门负责制定、公布，国务院标准化行政部门提供国家标准编号。

食品中农药残留、兽药残留的限量规定及其检验方法与规程由国务院卫生行政部门、国务院农业行政部门制定。

屠宰畜、禽的检验规程由国务院有关主管部门会同国务院卫生行政部门制定。

有关产品国家标准涉及食品安全国家标准规定内容的，应当与食品安全国家标准相一致。

第二十二条 国务院卫生行政部门应当对现行的食用农产品质量安全标准、食品卫生标准、食品质量标准和有关食品的行业标准中强制执行的标准予以整合，统一公布为食品安全国家标准。

本法规定的食品安全国家标准公布前，食品生产经营者应当按照现行食用农产品质量安全标准、食品卫生标准、食品质量标准和有关食品的行业标准生产经营食品。

第二十三条 食品安全国家标准应当经食品安全国家标准审评委员会审查通过。食品安全国家标准审评委员会由医学、农业、食品、营养等方面的专家以及国务院有关部门的代表组成。

制定食品安全国家标准，应当依据食品安全风险评估结果并充分考虑食用农产品质量安全风险评估结果，参照相关的国际标准和国际食品安全风险评估结果，并广泛听取食品生产经营者和消费者的意见。

第二十四条 没有食品安全国家标准的，可以制定食品安全地方标准。省、自治区、直辖市人民政府卫生行政部门组织制定食品安全地方标准，应当参照执行本法有关食品安全国家标准制定的规定，并报国务院卫生行政部门备案。

第二十五条 企业生产的食品没有食品安全国家标准或者地方标准的，应当制定企业标准，作为组织生产的依据。国家鼓励食品生产企业制定严于食品安全国家标准或者地方标准的企业标准。企业标准应当报省级卫生行政部门备案，在本企业内部适用。

第二十六条 食品安全标准应当供公众免费查阅。

第四章 食品生产经营

第二十七条 食品生产经营应当符合食品安全标准，并符合下列要求：

（一）具有与生产经营的食品品种、数量相适应的食品原料处理和食品加工、包装、贮存等场所，保持该场所环境整洁，并与有毒、有害场所以及其他污染源保持规定的距离；

（二）具有与生产经营的食品品种、数量相适应的生产经营设备或者设施，有相应的消毒、更衣、盥洗、采光、照明、通风、防腐、防尘、防蝇、防鼠、防虫、洗涤以及处理废水、存放垃圾和废弃物的设备或者设施；

（三）有食品安全专业技术人员、管理人员和保证食品安全的规章制度；

（四）具有合理的设备布局和工艺流程，防止待加工食品与直接入口食品、原料与成品交叉污染，避免食品接触有毒物、不洁物；

（五）餐具、饮具和盛放直接入口食品的容器，使用前应当洗净、消毒，炊具、用具用后应当洗净，保持清洁；

（六）贮存、运输和装卸食品的容器、工具和设备应当安全、无害，保持清洁，防止食品污染，并符合保证食品安全所需的温度等特殊要求，不得将食品与有毒、有害物品一同运输；

（七）直接入口的食品应当有小包装或者使用无毒、清洁的包装材料、餐具；

（八）食品生产经营人员应当保持个人卫生，生产经营食品时，应当将手洗净，穿戴清洁的工作衣、帽；销售无包装的直接入口食品时，应当使用无毒、清洁的售货工具；

（九）用水应当符合国家规定的生活饮用水卫生标准；

（十）使用的洗涤剂、消毒剂应当对人体安全、无害；

（十一）法律、法规规定的其他要求。

第二十八条　禁止生产经营下列食品：

（一）用非食品原料生产的食品或者添加食品添加剂以外的化学物质和其他可能危害人体健康物质的食品，或者用回收食品作为原料生产的食品；

（二）致病性微生物、农药残留、兽药残留、重金属、污染物质以及其他危害人体健康的物质含量超过食品安全标准限量的食品；

（三）营养成分不符合食品安全标准的专供婴幼儿和其他特定人群的主辅食品；

（四）腐败变质、油脂酸败、霉变生虫、污秽不洁、混有异物、掺假掺杂或者感官性状异常的食品；

（五）病死、毒死或者死因不明的禽、畜、兽、水产动物肉类及其制品；

（六）未经动物卫生监督机构检疫或者检疫不合格的肉类，或者未经检验或者检验不合格的肉类制品；

（七）被包装材料、容器、运输工具等污染的食品；

（八）超过保质期的食品；

（九）无标签的预包装食品；

（十）国家为防病等特殊需要明令禁止生产经营的食品；

（十一）其他不符合食品安全标准或者要求的食品。

第二十九条　国家对食品生产经营实行许可制度。从事食品生产、食品流通、餐饮服务，应当依法取得食品生产许可、食品流通许可、餐饮服务许可。

取得食品生产许可的食品生产者在其生产场所销售其生产的食品，不需要取得食品流通的许可；取得餐饮服务许可的餐饮服务提供者在其餐饮服务场所出售其制作加工的食品，不需要取得食品生产和流通的许可；农民个人销售其自产的食用农产品，不需要取得食品流通的许可。

食品生产加工小作坊和食品摊贩从事食品生产经营活动，应当符合本法规定的与其生产经营规模、条件相适应的食品安全要求，保证所生产经营的食品卫生、无毒、无害，有关部门应当对其加强监督管理，具体管理办法由省、自治区、直辖市人民代表大会常务委员会依照本法制定。

第三十条　县级以上地方人民政府鼓励食品生产加工小作坊改进生

产条件；鼓励食品摊贩进入集中交易市场、店铺等固定场所经营。

第三十一条 县级以上质量监督、工商行政管理、食品药品监督管理部门应当依照《中华人民共和国行政许可法》的规定，审核申请人提交的本法第二十七条第一项至第四项规定要求的相关资料，必要时对申请人的生产经营场所进行现场核查；对符合规定条件的，决定准予许可；对不符合规定条件的，决定不予许可并书面说明理由。

第三十二条 食品生产经营企业应当建立健全本单位的食品安全管理制度，加强对职工食品安全知识的培训，配备专职或者兼职食品安全管理人员，做好对所生产经营食品的检验工作，依法从事食品生产经营活动。

第三十三条 国家鼓励食品生产经营企业符合良好生产规范要求，实施危害分析与关键控制点体系，提高食品安全管理水平。

对通过良好生产规范、危害分析与关键控制点体系认证的食品生产经营企业，认证机构应当依法实施跟踪调查；对不再符合认证要求的企业，应当依法撤销认证，及时向有关质量监督、工商行政管理、食品药品监督管理部门通报，并向社会公布。认证机构实施跟踪调查不收取任何费用。

第三十四条 食品生产经营者应当建立并执行从业人员健康管理制度。患有痢疾、伤寒、病毒性肝炎等消化道传染病的人员，以及患有活动性肺结核、化脓性或者渗出性皮肤病等有碍食品安全的疾病的人员，不得从事接触直接入口食品的工作。

食品生产经营人员每年应当进行健康检查，取得健康证明后方可参加工作。

第三十五条 食用农产品生产者应当依照食品安全标准和国家有关规定使用农药、肥料、生长调节剂、兽药、饲料和饲料添加剂等农业投入品。食用农产品的生产企业和农民专业合作经济组织应当建立食用农产品生产记录制度。

县级以上农业行政部门应当加强对农业投入品使用的管理和指导，

建立健全农业投入品的安全使用制度。

第三十六条 食品生产者采购食品原料、食品添加剂、食品相关产品，应当查验供货者的许可证和产品合格证明文件；对无法提供合格证明文件的食品原料，应当依照食品安全标准进行检验；不得采购或者使用不符合食品安全标准的食品原料、食品添加剂、食品相关产品。

食品生产企业应当建立食品原料、食品添加剂、食品相关产品进货查验记录制度，如实记录食品原料、食品添加剂、食品相关产品的名称、规格、数量、供货者名称及联系方式、进货日期等内容。

食品原料、食品添加剂、食品相关产品进货查验记录应当真实，保存期限不得少于二年。

第三十七条 食品生产企业应当建立食品出厂检验记录制度，查验出厂食品的检验合格证和安全状况，并如实记录食品的名称、规格、数量、生产日期、生产批号、检验合格证号、购货者名称及联系方式、销售日期等内容。

食品出厂检验记录应当真实，保存期限不得少于二年。

第三十八条 食品、食品添加剂和食品相关产品的生产者，应当依照食品安全标准对所生产的食品、食品添加剂和食品相关产品进行检验，检验合格后方可出厂或者销售。

第三十九条 食品经营者采购食品，应当查验供货者的许可证和食品合格的证明文件。

食品经营企业应当建立食品进货查验记录制度，如实记录食品的名称、规格、数量、生产批号、保质期、供货者名称及联系方式、进货日期等内容。

食品进货查验记录应当真实，保存期限不得少于二年。

实行统一配送经营方式的食品经营企业，可以由企业总部统一查验供货者的许可证和食品合格的证明文件，进行食品进货查验记录。

第四十条 食品经营者应当按照保证食品安全的要求贮存食品，定期检查库存食品，及时清理变质或者超过保质期的食品。

第四十一条　食品经营者贮存散装食品，应当在贮存位置标明食品的名称、生产日期、保质期、生产者名称及联系方式等内容。

食品经营者销售散装食品，应当在散装食品的容器、外包装上标明食品的名称、生产日期、保质期、生产经营者名称及联系方式等内容。

第四十二条　预包装食品的包装上应当有标签。标签应当标明下列事项：

（一）名称、规格、净含量、生产日期；

（二）成分或者配料表；

（三）生产者的名称、地址、联系方式；

（四）保质期；

（五）产品标准代号；

（六）贮存条件；

（七）所使用的食品添加剂在国家标准中的通用名称；

（八）生产许可证编号；

（九）法律、法规或者食品安全标准规定必须标明的其他事项。

专供婴幼儿和其他特定人群的主辅食品，其标签还应当标明主要营养成分及其含量。

第四十三条　国家对食品添加剂的生产实行许可制度。申请食品添加剂生产许可的条件、程序，按照国家有关工业产品生产许可证管理的规定执行。

第四十四条　申请利用新的食品原料从事食品生产或者从事食品添加剂新品种、食品相关产品新品种生产活动的单位或者个人，应当向国务院卫生行政部门提交相关产品的安全性评估材料。国务院卫生行政部门应当自收到申请之日起六十日内组织对相关产品的安全性评估材料进行审查；对符合食品安全要求的，依法决定准予许可并予以公布；对不符合食品安全要求的，决定不予许可并书面说明理由。

第四十五条　食品添加剂应当在技术上确有必要且经过风险评估证明安全可靠，方可列入允许使用的范围。国务院卫生行政部门应当根据

技术必要性和食品安全风险评估结果，及时对食品添加剂的品种、使用范围、用量的标准进行修订。

第四十六条 食品生产者应当依照食品安全标准关于食品添加剂的品种、使用范围、用量的规定使用食品添加剂；不得在食品生产中使用食品添加剂以外的化学物质和其他可能危害人体健康的物质。

第四十七条 食品添加剂应当有标签、说明书和包装。标签、说明书应当载明本法第四十二条第一款第一项至第六项、第八项、第九项规定的事项，以及食品添加剂的使用范围、用量、使用方法，并在标签上载明"食品添加剂"字样。

第四十八条 食品和食品添加剂的标签、说明书，不得含有虚假、夸大的内容，不得涉及疾病预防、治疗功能。生产者对标签、说明书上所载明的内容负责。

食品和食品添加剂的标签、说明书应当清楚、明显，容易辨识。

食品和食品添加剂与其标签、说明书所载明的内容不符的，不得上市销售。

第四十九条 食品经营者应当按照食品标签标示的警示标志、警示说明或者注意事项的要求，销售预包装食品。

第五十条 生产经营的食品中不得添加药品，但是可以添加按照传统既是食品又是中药材的物质。按照传统既是食品又是中药材的物质的目录由国务院卫生行政部门制定、公布。

第五十一条 国家对声称具有特定保健功能的食品实行严格监管。有关监督管理部门应当依法履职，承担责任。具体管理办法由国务院规定。

声称具有特定保健功能的食品不得对人体产生急性、亚急性或者慢性危害，其标签、说明书不得涉及疾病预防、治疗功能，内容必须真实，应当载明适宜人群、不适宜人群、功效成分或者标志性成分及其含量等；产品的功能和成分必须与标签、说明书相一致。

第五十二条 集中交易市场的开办者、柜台出租者和展销会举办者，应当审查入场食品经营者的许可证，明确入场食品经营者的食品安全管理责任，定期对入场食品经营者的经营环境和条件进行检查，发现食品经营者有违反本法规定的行为的，应当及时制止并立即报告所在地县级工商行政管理部门或者食品药品监督管理部门。

集中交易市场的开办者、柜台出租者和展销会举办者未履行前款规定义务，本市场发生食品安全事故的，应当承担连带责任。

第五十三条　国家建立食品召回制度。食品生产者发现其生产的食品不符合食品安全标准，应当立即停止生产，召回已经上市销售的食品，通知相关生产经营者和消费者，并记录召回和通知情况。

食品经营者发现其经营的食品不符合食品安全标准，应当立即停止经营，通知相关生产经营者和消费者，并记录停止经营和通知情况。食品生产者认为应当召回的，应当立即召回。

食品生产者应当对召回的食品采取补救、无害化处理、销毁等措施，并将食品召回和处理情况向县级以上质量监督部门报告。

食品生产经营者未依照本条规定召回或者停止经营不符合食品安全标准的食品的，县级以上质量监督、工商行政管理、食品药品监督管理部门可以责令其召回或者停止经营。

第五十四条　食品广告的内容应当真实合法，不得含有虚假、夸大的内容，不得涉及疾病预防、治疗功能。

食品安全监督管理部门或者承担食品检验职责的机构、食品行业协会、消费者协会不得以广告或者其他形式向消费者推荐食品。

第五十五条　社会团体或者其他组织、个人在虚假广告中向消费者推荐食品，使消费者的合法权益受到损害的，与食品生产经营者承担连带责任。

第五十六条　地方各级人民政府鼓励食品规模化生产和连锁经营、配送。

第五章　食品检验

第五十七条　食品检验机构按照国家有关认证认可的规定取得资质

认定后，方可从事食品检验活动。但是，法律另有规定的除外。

食品检验机构的资质认定条件和检验规范，由国务院卫生行政部门规定。

本法施行前经国务院有关主管部门批准设立或者经依法认定的食品检验机构，可以依照本法继续从事食品检验活动。

第五十八条 食品检验由食品检验机构指定的检验人独立进行。

检验人应当依照有关法律、法规的规定，并依照食品安全标准和检验规范对食品进行检验，尊重科学，恪守职业道德，保证出具的检验数据和结论客观、公正，不得出具虚假的检验报告。

第五十九条 食品检验实行食品检验机构与检验人负责制。食品检验报告应当加盖食品检验机构公章，并有检验人的签名或者盖章。食品检验机构和检验人对出具的食品检验报告负责。

第六十条 食品安全监督管理部门对食品不得实施免检。

县级以上质量监督、工商行政管理、食品药品监督管理部门应当对食品进行定期或者不定期的抽样检验。进行抽样检验，应当购买抽取的样品，不收取检验费和其他任何费用。

县级以上质量监督、工商行政管理、食品药品监督管理部门在执法工作中需要对食品进行检验的，应当委托符合本法规定的食品检验机构进行，并支付相关费用。对检验结论有异议的，可以依法进行复检。

第六十一条 食品生产经营企业可以自行对所生产的食品进行检验，也可以委托符合本法规定的食品检验机构进行检验。

食品行业协会等组织、消费者需要委托食品检验机构对食品进行检验的，应当委托符合本法规定的食品检验机构进行。

第六章　食品进出口

第六十二条 进口的食品、食品添加剂以及食品相关产品应当符合我国食品安全国家标准。

进口的食品应当经出入境检验检疫机构检验合格后，海关凭出入境检验检疫机构签发的通关证明放行。

第六十三条　进口尚无食品安全国家标准的食品，或者首次进口食品添加剂新品种、食品相关产品新品种，进口商应当向国务院卫生行政部门提出申请并提交相关的安全性评估材料。国务院卫生行政部门依照本法第四十四条的规定作出是否准予许可的决定，并及时制定相应的食品安全国家标准。

第六十四条　境外发生的食品安全事件可能对我国境内造成影响，或者在进口食品中发现严重食品安全问题的，国家出入境检验检疫部门应当及时采取风险预警或者控制措施，并向国务院卫生行政、农业行政、工商行政管理和国家食品药品监督管理部门通报。接到通报的部门应当及时采取相应措施。

第六十五条　向我国境内出口食品的出口商或者代理商应当向国家出入境检验检疫部门备案。向我国境内出口食品的境外食品生产企业应当经国家出入境检验检疫部门注册。

国家出入境检验检疫部门应当定期公布已经备案的出口商、代理商和已经注册的境外食品生产企业名单。

第六十六条　进口的预包装食品应当有中文标签、中文说明书。标签、说明书应当符合本法以及我国其他有关法律、行政法规的规定和食品安全国家标准的要求，载明食品的原产地以及境内代理商的名称、地址、联系方式。预包装食品没有中文标签、中文说明书或者标签、说明书不符合本条规定的，不得进口。

第六十七条　进口商应当建立食品进口和销售记录制度，如实记录食品的名称、规格、数量、生产日期、生产或者进口批号、保质期、出口商和购货者名称及联系方式、交货日期等内容。

食品进口和销售记录应当真实，保存期限不得少于二年。

第六十八条　出口的食品由出入境检验检疫机构进行监督、抽检，海关凭出入境检验检疫机构签发的通关证明放行。

出口食品生产企业和出口食品原料种植、养殖场应当向国家出入境

检验检疫部门备案。

第六十九条 国家出入境检验检疫部门应当收集、汇总进出口食品安全信息，并及时通报相关部门、机构和企业。

国家出入境检验检疫部门应当建立进出口食品的进口商、出口商和出口食品生产企业的信誉记录，并予以公布。对有不良记录的进口商、出口商和出口食品生产企业，应当加强对其进出口食品的检验检疫。

第七章 食品安全事故处置

第七十条 国务院组织制定国家食品安全事故应急预案。

县级以上地方人民政府应当根据有关法律、法规的规定和上级人民政府的食品安全事故应急预案以及本地区的实际情况，制定本行政区域的食品安全事故应急预案，并报上一级人民政府备案。

食品生产经营企业应当制定食品安全事故处置方案，定期检查本企业各项食品安全防范措施的落实情况，及时消除食品安全事故隐患。

第七十一条 发生食品安全事故的单位应当立即予以处置，防止事故扩大。事故发生单位和接收病人进行治疗的单位应当及时向事故发生地县级卫生行政部门报告。

农业行政、质量监督、工商行政管理、食品药品监督管理部门在日常监督管理中发现食品安全事故，或者接到有关食品安全事故的举报，应当立即向卫生行政部门通报。

发生重大食品安全事故的，接到报告的县级卫生行政部门应当按照规定向本级人民政府和上级人民政府卫生行政部门报告。县级人民政府和上级人民政府卫生行政部门应当按照规定上报。

任何单位或者个人不得对食品安全事故隐瞒、谎报、缓报，不得毁灭有关证据。

第七十二条 县级以上卫生行政部门接到食品安全事故的报告后，应当立即会同农业行政、质量监督、工商行政管理、食品药品监督管理部门进行调查处理，并采取下列措施，防止或者减轻社会危害：

（一）开展应急救援工作，对因食品安全事故导致人身伤害的人员，卫生行政部门应当立即组织救治；

（二）封存可能导致食品安全事故的食品及其原料，并立即进行检验；对确认属于被污染的食品及其原料，责令食品生产经营者依照本法第五十三条的规定予以召回、停止经营并销毁；

（三）封存被污染的食品用工具及用具，并责令进行清洗消毒；

（四）做好信息发布工作，依法对食品安全事故及其处理情况进行发布，并对可能产生的危害加以解释、说明。

发生重大食品安全事故的，县级以上人民政府应当立即成立食品安全事故处置指挥机构，启动应急预案，依照前款规定进行处置。

第七十三条　发生重大食品安全事故，设区的市级以上人民政府卫生行政部门应当立即会同有关部门进行事故责任调查，督促有关部门履行职责，向本级人民政府提出事故责任调查处理报告。

重大食品安全事故涉及两个以上省、自治区、直辖市的，由国务院卫生行政部门依照前款规定组织事故责任调查。

第七十四条　发生食品安全事故，县级以上疾病预防控制机构应当协助卫生行政部门和有关部门对事故现场进行卫生处理，并对与食品安全事故有关的因素开展流行病学调查。

第七十五条　调查食品安全事故，除了查明事故单位的责任，还应当查明负有监督管理和认证职责的监督管理部门、认证机构的工作人员失职、渎职情况。

第八章　监督管理

第七十六条　县级以上地方人民政府组织本级卫生行政、农业行政、质量监督、工商行政管理、食品药品监督管理部门制定本行政区域的食品安全年度监督管理计划，并按照年度计划组织开展工作。

第七十七条　县级以上质量监督、工商行政管理、食品药品监督管理部门履行各自食品安全监督管理职责，有权采取下列措施：

（一）进入生产经营场所实施现场检查；

（二）对生产经营的食品进行抽样检验；

（三）查阅、复制有关合同、票据、账簿以及其他有关资料；

（四）查封、扣押有证据证明不符合食品安全标准的食品，违法使用的食品原料、食品添加剂、食品相关产品，以及用于违法生产经营或者被污染的工具、设备；

（五）查封违法从事食品生产经营活动的场所。

县级以上农业行政部门应当依照《中华人民共和国农产品质量安全法》规定的职责，对食用农产品进行监督管理。

第七十八条 县级以上质量监督、工商行政管理、食品药品监督管理部门对食品生产经营者进行监督检查，应当记录监督检查的情况和处理结果。监督检查记录经监督检查人员和食品生产经营者签字后归档。

第七十九条 县级以上质量监督、工商行政管理、食品药品监督管理部门应当建立食品生产经营者食品安全信用档案，记录许可颁发、日常监督检查结果、违法行为查处等情况；根据食品安全信用档案的记录，对有不良信用记录的食品生产经营者增加监督检查频次。

第八十条 县级以上卫生行政、质量监督、工商行政管理、食品药品监督管理部门接到咨询、投诉、举报，对属于本部门职责的，应当受理，并及时进行答复、核实、处理；对不属于本部门职责的，应当书面通知并移交有权处理的部门处理。有权处理的部门应当及时处理，不得推诿；属于食品安全事故的，依照本法第七章有关规定进行处置。

第八十一条 县级以上卫生行政、质量监督、工商行政管理、食品药品监督管理部门应当按照法定权限和程序履行食品安全监督管理职责；对生产经营者的同一违法行为，不得给予二次以上罚款的行政处罚；涉嫌犯罪的，应当依法向公安机关移送。

第八十二条 国家建立食品安全信息统一公布制度。下列信息由国务院卫生行政部门统一公布：

（一）国家食品安全总体情况；

（二）食品安全风险评估信息和食品安全风险警示信息；

（三）重大食品安全事故及其处理信息；

（四）其他重要的食品安全信息和国务院确定的需要统一公布的信息。

前款第二项、第三项规定的信息，其影响限于特定区域的，也可以由有关省、自治区、直辖市人民政府卫生行政部门公布。县级以上农业行政、质量监督、工商行政管理、食品药品监督管理部门依据各自职责公布食品安全日常监督管理信息。

食品安全监督管理部门公布信息，应当做到准确、及时、客观。

第八十三条　县级以上地方卫生行政、农业行政、质量监督、工商行政管理、食品药品监督管理部门获知本法第八十二条第一款规定的需要统一公布的信息，应当向上级主管部门报告，由上级主管部门立即报告国务院卫生行政部门；必要时，可以直接向国务院卫生行政部门报告。

县级以上卫生行政、农业行政、质量监督、工商行政管理、食品药品监督管理部门应当相互通报获知的食品安全信息。

第九章　法律责任

第八十四条　违反本法规定，未经许可从事食品生产经营活动，或者未经许可生产食品添加剂的，由有关主管部门按照各自职责分工，没收违法所得、违法生产经营的食品、食品添加剂和用于违法生产经营的工具、设备、原料等物品；违法生产经营的食品、食品添加剂货值金额不足一万元的，并处二千元以上五万元以下罚款；货值金额一万元以上的，并处货值金额五倍以上十倍以下罚款。

第八十五条　违反本法规定，有下列情形之一的，由有关主管部门按照各自职责分工，没收违法所得、违法生产经营的食品和用于违法生产经营的工具、设备、原料等物品；违法生产经营的食品货值金额不足一万元的，并处二千元以上五万元以下罚款；货值金额一万元以上的，并处货值金额五倍以上十倍以下罚款；情节严重的，吊销许可证：

（一）用非食品原料生产食品或者在食品中添加食品添加剂以外的化学物质和其他可能危害人体健康的物质，或者用回收食品作为原料生产食品；

（二）生产经营致病性微生物、农药残留、兽药残留、重金属、污染物质以及其他危害人体健康的物质含量超过食品安全标准限量的食品；

（三）生产经营营养成分不符合食品安全标准的专供婴幼儿和其他特定人群的主辅食品；

（四）经营腐败变质、油脂酸败、霉变生虫、污秽不洁、混有异物、掺假掺杂或者感官性状异常的食品；

（五）经营病死、毒死或者死因不明的禽、畜、兽、水产动物肉类，或者生产经营病死、毒死或者死因不明的禽、畜、兽、水产动物肉类的制品；

（六）经营未经动物卫生监督机构检疫或者检疫不合格的肉类，或者生产经营未经检验或者检验不合格的肉类制品；

（七）经营超过保质期的食品；

（八）生产经营国家为防病等特殊需要明令禁止生产经营的食品；

（九）利用新的食品原料从事食品生产或者从事食品添加剂新品种、食品相关产品新品种生产，未经过安全性评估；

（十）食品生产经营者在有关主管部门责令其召回或者停止经营不符合食品安全标准的食品后，仍拒不召回或者停止经营的。

第八十六条 违反本法规定，有下列情形之一的，由有关主管部门按照各自职责分工，没收违法所得、违法生产经营的食品和用于违法生产经营的工具、设备、原料等物品；违法生产经营的食品货值金额不足一万元的，并处二千元以上五万元以下罚款；货值金额一万元以上的，并处货值金额二倍以上五倍以下罚款；情节严重的，责令停产停业，直至吊销许可证：

（一）经营被包装材料、容器、运输工具等污染的食品；

（二）生产经营无标签的预包装食品、食品添加剂或者标签、说明书不符合本法规定的食品、食品添加剂；

（三）食品生产者采购、使用不符合食品安全标准的食品原料、食品添加剂、食品相关产品；

（四）食品生产经营者在食品中添加药品。

第八十七条　违反本法规定，有下列情形之一的，由有关主管部门按照各自职责分工，责令改正，给予警告；拒不改正的，处二千元以上二万元以下罚款；情节严重的，责令停产停业，直至吊销许可证：

（一）未对采购的食品原料和生产的食品、食品添加剂、食品相关产品进行检验；

（二）未建立并遵守查验记录制度、出厂检验记录制度；

（三）制定食品安全企业标准未依照本法规定备案；

（四）未按规定要求贮存、销售食品或者清理库存食品；

（五）进货时未查验许可证和相关证明文件；

（六）生产的食品、食品添加剂的标签、说明书涉及疾病预防、治疗功能；

（七）安排患有本法第三十四条所列疾病的人员从事接触直接入口食品的工作。

第八十八条　违反本法规定，事故单位在发生食品安全事故后未进行处置、报告的，由有关主管部门按照各自职责分工，责令改正，给予警告；毁灭有关证据的，责令停产停业，并处二千元以上十万元以下罚款；造成严重后果的，由原发证部门吊销许可证。

第八十九条　违反本法规定，有下列情形之一的，依照本法第八十五条的规定给予处罚：

（一）进口不符合我国食品安全国家标准的食品；

（二）进口尚无食品安全国家标准的食品，或者首次进口食品添加剂新品种、食品相关产品新品种，未经过安全性评估；

（三）出口商未遵守本法的规定出口食品。

违反本法规定，进口商未建立并遵守食品进口和销售记录制度的，依照本法第八十七条的规定给予处罚。

第九十条 违反本法规定，集中交易市场的开办者、柜台出租者、展销会的举办者允许未取得许可的食品经营者进入市场销售食品，或者未履行检查、报告等义务的，由有关主管部门按照各自职责分工，处二千元以上五万元以下罚款；造成严重后果的，责令停业，由原发证部门吊销许可证。

第九十一条 违反本法规定，未按照要求进行食品运输的，由有关主管部门按照各自职责分工，责令改正，给予警告；拒不改正的，责令停产停业，并处二千元以上五万元以下罚款；情节严重的，由原发证部门吊销许可证。

第九十二条 被吊销食品生产、流通或者餐饮服务许可证的单位，其直接负责的主管人员自处罚决定作出之日起五年内不得从事食品生产经营管理工作。

食品生产经营者聘用不得从事食品生产经营管理工作的人员从事管理工作的，由原发证部门吊销许可证。

第九十三条 违反本法规定，食品检验机构、食品检验人员出具虚假检验报告的，由授予其资质的主管部门或者机构撤销该检验机构的检验资格；依法对检验机构直接负责的主管人员和食品检验人员给予撤职或者开除的处分。

违反本法规定，受到刑事处罚或者开除处分的食品检验机构人员，自刑罚执行完毕或者处分决定作出之日起十年内不得从事食品检验工作。食品检验机构聘用不得从事食品检验工作的人员的，由授予其资质的主管部门或者机构撤销该检验机构的检验资格。

第九十四条 违反本法规定，在广告中对食品质量作虚假宣传，欺骗消费者的，依照《中华人民共和国广告法》的规定给予处罚。

违反本法规定，食品安全监督管理部门或者承担食品检验职责的机构、食品行业协会、消费者协会以广告或者其他形式向消费者推荐食品的，由有关主管部门没收违法所得，依法对直接负责的主管人员和其他直接责任人员给予记大过、降级或者撤职的处分。

第九十五条　违反本法规定，县级以上地方人民政府在食品安全监督管理中未履行职责，本行政区域出现重大食品安全事故、造成严重社会影响的，依法对直接负责的主管人员和其他直接责任人员给予记大过、降级、撤职或者开除的处分。

违反本法规定，县级以上卫生行政、农业行政、质量监督、工商行政管理、食品药品监督管理部门或者其他有关行政部门不履行本法规定的职责或者滥用职权、玩忽职守、徇私舞弊的，依法对直接负责的主管人员和其他直接责任人员给予记大过或者降级的处分；造成严重后果的，给予撤职或者开除的处分；其主要负责人应当引咎辞职。

第九十六条　违反本法规定，造成人身、财产或者其他损害的，依法承担赔偿责任。

生产不符合食品安全标准的食品或者销售明知是不符合食品安全标准的食品，消费者除要求赔偿损失外，还可以向生产者或者销售者要求支付价款十倍的赔偿金。

第九十七条　违反本法规定，应当承担民事赔偿责任和缴纳罚款、罚金，其财产不足以同时支付时，先承担民事赔偿责任。

第九十八条　违反本法规定，构成犯罪的，依法追究刑事责任。

第十章　附　则

第九十九条　本法下列用语的含义：

食品，指各种供人食用或者饮用的成品和原料以及按照传统既是食品又是药品的物品，但是不包括以治疗为目的的物品。

食品安全，指食品无毒、无害，符合应当有的营养要求，对人体健康不造成任何急性、亚急性或者慢性危害。

预包装食品，指预先定量包装或者制作在包装材料和容器中的食品。

食品添加剂，指为改善食品品质和色、香、味以及为防腐、保鲜和加工工艺的需要而加入食品中的人工合成或者天然物质。

用于食品的包装材料和容器，指包装、盛放食品或者食品添加剂用的纸、竹、木、金属、搪瓷、陶瓷、塑料、橡胶、天然纤维、化学纤维、玻璃等制品和直接接触食品或者食品添加剂的涂料。

用于食品生产经营的工具、设备，指在食品或者食品添加剂生产、流通、使用过程中直接接触食品或者食品添加剂的机械、管道、传送带、容器、用具、餐具等。

用于食品的洗涤剂、消毒剂，指直接用于洗涤或者消毒食品、餐饮具以及直接接触食品的工具、设备或者食品包装材料和容器的物质。

保质期，指预包装食品在标签指明的贮存条件下保持品质的期限。

食源性疾病，指食品中致病因素进入人体引起的感染性、中毒性等疾病。

食物中毒，指食用了被有毒有害物质污染的食品或者食用了含有毒有害物质的食品后出现的急性、亚急性疾病。

食品安全事故，指食物中毒、食源性疾病、食品污染等源于食品，对人体健康有危害或者可能有危害的事故。

第一百条 食品生产经营者在本法施行前已经取得相应许可证的，该许可证继续有效。

第一百零一条 乳品、转基因食品、生猪屠宰、酒类和食盐的食品安全管理，适用本法；法律、行政法规另有规定的，依照其规定。

第一百零二条 铁路运营中食品安全的管理办法由国务院卫生行政部门会同国务院有关部门依照本法制定。

军队专用食品和自供食品的食品安全管理办法由中央军事委员会依照本法制定。

第一百零三条 国务院根据实际需要，可以对食品安全监督管理体制作出调整。

第一百零四条 本法自 2009 年 6 月 1 日起施行。《中华人民共和国食品卫生法》同时废止。

附录3

中华人民共和国农业部令

第 70 号

《农产品包装和标识管理办法》业经 2006 年 9 月 30 日农业部第 25 次常务会议审议通过，现予公布，自 2006 年 11 月 1 日起施行。

部　长　　杜青林

二〇〇六年十月十七日

农产品包装和标识管理办法

第一章　总　则

第一条　为规范农产品生产经营行为，加强农产品包装和标识管理，建立健全农产品可追溯制度，保障农产品质量安全，依据《中华人民共和国农产品质量安全法》，制定本办法。

第二条　农产品的包装和标识活动应当符合本办法规定。

第三条　农业部负责全国农产品包装和标识的监督管理工作。

县级以上地方人民政府农业行政主管部门负责本行政区域内农产品包装和标识的监督管理工作。

第四条　国家支持农产品包装和标识科学研究，推行科学的包装方法，推广先进的标识技术。

第五条　县级以上人民政府农业行政主管部门应当将农产品包装和标识管理经费纳入年度预算。

第六条　县级以上人民政府农业行政主管部门对在农产品包装和标识工作中做出突出贡献的单位和个人，予以表彰和奖励。

第二章　农产品包装

第七条　农产品生产企业、农民专业合作经济组织以及从事农产品收购的单位或者个人，用于销售的下列农产品必须包装：

（一）获得无公害农产品、绿色食品、有机农产品等认证的农产品，但鲜活畜、禽、水产品除外。

（二）省级以上人民政府农业行政主管部门规定的其他需要包装销售的农产品。

符合规定包装的农产品拆包后直接向消费者销售的，可以不再另行包装。

第八条　农产品包装应当符合农产品储藏、运输、销售及保障安全的要求，便于拆卸和搬运。

第九条　包装农产品的材料和使用的保鲜剂、防腐剂、添加剂等物质必须符合国家强制性技术规范要求。

包装农产品应当防止机械损伤和二次污染。

第三章　农产品标识

第十条　农产品生产企业、农民专业合作经济组织以及从事农产品收购的单位或者个人包装销售的农产品，应当在包装物上标注或者附加标识标明品名、产地、生产者或者销售者名称、生产日期。

有分级标准或者使用添加剂的，还应当标明产品质量等级或者添加剂名称。

未包装的农产品，应当采取附加标签、标识牌、标识带、说明书等形式标明农产品的品名、生产地、生产者或者销售者名称等内容。

第十一条　农产品标识所用文字应当使用规范的中文。标识标注的内容应当准确、清晰、显著。

第十二条　销售获得无公害农产品、绿色食品、有机农产品等质量标志使用权的农产品，应当标注相应标志和发证机构。

禁止冒用无公害农产品、绿色食品、有机农产品等质量标志。

第十三条　畜禽及其产品、属于农业转基因生物的农产品，还应当按照有关规定进行标识。

第四章　监督检查

第十四条　农产品生产企业、农民专业合作经济组织以及从事农产品收购的单位或者个人，应当对其销售农产品的包装质量和标识内容负责。

第十五条　县级以上人民政府农业行政主管部门依照《中华人民共和国农产品质量安全法》对农产品包装和标识进行监督检查。

第十六条　有下列情形之一的，由县级以上人民政府农业行政主管部门按照《中华人民共和国农产品质量安全法》第四十八条、四十九条、五十一条、五十二条的规定处理、处罚：

（一）使用的农产品包装材料不符合强制性技术规范要求的；

（二）农产品包装过程中使用的保鲜剂、防腐剂、添加剂等材料不符合强制性技术规范要求的；

（三）应当包装的农产品未经包装销售的；

（四）冒用无公害农产品、绿色食品等质量标志的；

（五）农产品未按照规定标识的。

第五章　附　则

第十七条　本办法下列用语的含义：

（一）农产品包装：是指对农产品实施装箱、装盒、装袋、包裹、捆扎等。

（二）保鲜剂：是指保持农产品新鲜品质，减少流通损失，延长贮存

时间的人工合成化学物质或者天然物质。

（三）防腐剂：是指防止农产品腐烂变质的人工合成化学物质或者天然物质。

（四）添加剂：是指为改善农产品品质和色、香、味以及加工性能加入的人工合成化学物质或者天然物质。

（五）生产日期：植物产品是指收获日期；畜禽产品是指屠宰或者产出日期；水产品是指起捕日期；其他产品是指包装或者销售时的日期。

第十八条　本办法自 2006 年 11 月 1 日起施行。

附录 4

中华人民共和国农业部令

第 71 号

《农产品产地安全管理办法》业经 2006 年 9 月 30 日农业部第 25 次常务会议审议通过，现予公布，自 2006 年 11 月 1 日起施行。

部　长　　杜青林

二〇〇六年十月十七日

农产品产地安全管理办法

第一章　总　则

第一条　为加强农产品产地管理，改善产地条件，保障产地安全，依据《中华人民共和国农产品质量安全法》，制定本办法。

第二条　本办法所称农产品产地，是指植物、动物、微生物及其产品生产的相关区域。

本办法所称农产品产地安全，是指农产品产地的土壤、水体和大气环境质量等符合生产质量安全农产品要求。

第三条　农业部负责全国农产品产地安全的监督管理。

县级以上地方人民政府农业行政主管部门负责本行政区域内农产品产地的划分和监督管理。

第二章　产地监测与评价

第四条　县级以上人民政府农业行政主管部门应当建立健全农产品产地安全监测管理制度，加强农产品产地安全调查、监测和评价工作，编制农产品产地安全状况及发展趋势年度报告，并报上级农业行政主管部门备案。

第五条　省级以上人民政府农业行政主管部门应当在下列地区分别设置国家和省级监测点，监控农产品产地安全变化动态，指导农产品产地安全管理和保护工作。

（一）工矿企业周边的农产品生产区；

（二）污水灌溉区；

（三）大中城市郊区农产品生产区；

（四）重要农产品生产区；

（五）其他需要监测的区域。

第六条　农产品产地安全调查、监测和评价应当执行国家有关标准等技术规范。

监测点的设置、变更、撤销应当通过专家论证。

第七条　县级以上人民政府农业行政主管部门应当加强农产品产地安全信息统计工作，健全农产品产地安全监测档案。

监测档案应当准确记载产地安全变化状况，并长期保存。

第三章　禁止生产区划定与调整

第八条　农产品产地有毒有害物质不符合产地安全标准，并导致农产品中有毒有害物质不符合农产品质量安全标准的，应当划定为农产品禁止生产区。

禁止生产食用农产品的区域可以生产非食用农产品。

第九条　符合本办法第八条规定情形的，由县级以上地方人民政府农业行政主管部门提出划定禁止生产区的建议，报省级农业行政主管部门。省级农业行政主管部门应当组织专家论证，并附具下列材料报本级人民政府批准后公布。

（一）产地安全监测结果和农产品检测结果；

（二）产地安全监测评价报告，包括产地污染原因分析、产地与农产品污染的相关性分析、评价方法与结论等；

（三）专家论证报告；

（四）农业生产结构调整及相关处理措施的建议。

第十条　禁止生产区划定后，不得改变耕地、基本农田的性质，不得降低农用地征地补偿标准。

第十一条　县级人民政府农业行政主管部门应当在禁止生产区设置标示牌，载明禁止生产区地点、四至范围、面积、禁止生产的农产品种类、主要污染物种类、批准单位、立牌日期等。

任何单位和个人不得擅自移动和损毁标示牌。

第十二条　禁止生产区安全状况改善并符合相关标准的，县级以上地方人民政府农业行政主管部门应当及时提出调整建议。

禁止生产区的调整依照本办法第九条的规定执行。禁止生产区调整的，应当变更标示牌内容或者撤除标示牌。

第十三条　县级以上地方人民政府农业行政主管部门应当及时将本行政区域内农产品禁止生产区划定与调整结果逐级上报农业部备案。

第四章　产地保护

第十四条　县级以上人民政府农业行政主管部门应当推广清洁生产技术和方法，发展生态农业。

第十五条　县级以上地方人民政府农业行政主管部门应当制定农产品产地污染防治与保护规划，并纳入本地农业和农村经济发展规划。

第十六条　县级以上人民政府农业行政主管部门应当采取生物、化学、工程等措施，对农产品禁止生产区和有毒有害物质不符合产地安全标准的其他农产品生产区域进行修复和治理。

第十七条　县级以上人民政府农业行政主管部门应当采取措施，加强产地污染修复和治理的科学研究、技术推广、宣传培训工作。

第十八条　农业建设项目的环境影响评价文件应当经县级以上人民政府农业行政主管部门依法审核后，报有关部门审批。

已经建成的企业或者项目污染农产品产地的，当地人民政府农业行政主管部门应当报请本级人民政府采取措施，减少或消除污染危害。

第十九条　任何单位和个人不得在禁止生产区生产、捕捞、采集禁止食用的农产品和建立农产品生产基地。

第二十条　禁止任何单位和个人向农产品产地排放或者倾倒废气、废水、固体废物或者其他有毒有害物质。

禁止在农产品产地堆放、贮存、处置工业固体废物。在农产品产地周围堆放、贮存、处置工业固体废物的，应当采取有效措施，防止对农产品产地安全造成危害。

第二十一条　任何单位和个人提供或者使用农业用水和用作肥料的城镇垃圾、污泥等固体废物，应当经过无害化处理并符合国家有关标准。

第二十二条　农产品生产者应当合理使用肥料、农药、兽药、饲料和饲料添加剂、农用薄膜等农业投入品。禁止使用国家明令禁止、淘汰的或者未经许可的农业投入品。

农产品生产者应当及时清除、回收农用薄膜、农业投入品包装物等，防止污染农产品产地环境。

第五章　监督检查

第二十三条　县级以上人民政府农业行政主管部门负责农产品产地安全的监督检查。

农业行政执法人员履行监督检查职责时，应当向被检查单位或者个人出示行政执法证件。有关单位或者个人应当如实提供有关情况和资料，不得拒绝检查或者提供虚假情况。

第二十四条　县级以上人民政府农业行政主管部门发现农产品产地

受到污染威胁时，应当责令致害单位或者个人采取措施，减少或者消除污染威胁。有关单位或者个人拒不采取措施的，应当报请本级人民政府处理。

农产品产地发生污染事故时，县级以上人民政府农业行政主管部门应当依法调查处理。

发生农业环境污染突发事件时，应当依照农业环境污染突发事件应急预案的规定处理。

第二十五条　产地安全监测和监督检查经费应当纳入本级人民政府农业行政主管部门年度预算。开展产地安全监测和监督检查不得向被检查单位或者个人收取任何费用。

第二十六条　违反《中华人民共和国农产品质量安全法》和本办法规定的划定标准和程序划定的禁止生产区无效。

违反本办法规定，擅自移动、损毁禁止生产区标牌的，由县级以上地方人民政府农业行政主管部门责令限期改正，可处以一千元以下罚款。

其他违反本办法规定的，依照有关法律法规处罚。

第六章　附　则

第二十七条　本办法自 2006 年 11 月 1 日起施行。

附录5

中华人民共和国农业部
中华人民共和国国家质量监督检验检疫总局 令

第 12 号

经 2002 年 1 月 30 日国家认证认可监督管理委员会第 7 次主任办公会议审议通过的《无公害农产品管理办法》，业经 2002 年 4 月 3 日农业部第 5 次常务会议、2002 年 4 月 11 日国家质量监督检验检疫总局第 27 次局长办公会议审议通过，现予发布，自发布之日起施行。

农业部部长　　　　杜青林
国家质量监督检验检疫总局　　　李长江
二〇〇二年四月二十九日

无公害农产品管理办法

第一章　总　则

第一条　为加强对无公害农产品的管理，维护消费者权益，提高农产品质量，保护农业生态环境，促进农业可持续发展，制定本办法。

第二条　本办法所称无公害农产品，是指产地环境、生产过程和产品质量符合国家有关标准和规范的要求，经认证合格获得认证证书并允许使用无公害农产品标志的未经加工或者初加工的食用农产品。

第三条　无公害农产品管理工作，由政府推动，并实行产地认定和产品认证的工作模式。

第四条　在中华人民共和国境内从事无公害农产品生产、产地认定、产品认证和监督管理等活动，适用本办法。

第五条　全国无公害农产品的管理及质量监督工作，由农业部门、国家质量监督检验检疫部门和国家认证认可监督管理委员会按照"三定"方案赋予的职责和国务院的有关规定，分工负责，共同做好工作。

第六条　各级农业行政主管部门和质量监督检验检疫部门应当在政策、资金、技术等方面扶持无公害农产品的发展，组织无公害农产品新技术的研究、开发和推广。

第七条　国家鼓励生产单位和个人申请无公害农产品产地认定和产品认证。

实施无公害农产品认证的产品范围由农业部、国家认证认可监督管理委员会共同确定、调整。

第八条　国家适时推行强制性无公害农产品认证制度。

第二章　产地条件与生产管理

第九条　无公害农产品产地应当符合下列条件：

（一）产地环境符合无公害农产品产地环境的标准要求；

（二）区域范围明确；

（三）具备一定的生产规模。

第十条　无公害农产品的生产管理应当符合下列条件：

（一）生产过程符合无公害农产品生产技术的标准要求；

（二）有相应的专业技术和管理人员；

（三）有完善的质量控制措施，并有完整的生产和销售记录档案。

第十一条　从事无公害农产品生产的单位或者个人，应当严格按规定使用农业投入品。禁止使用国家禁用、淘汰的农业投入品。

第十二条　无公害农产品产地应当树立标示牌，标明范围、产品品种、责任人。

第三章　产地认定

第十三条　省级农业行政主管部门根据本办法的规定负责组织实施本辖区内无公害农产品产地的认定工作。

第十四条　申请无公害农产品产地认定的单位或者个人（以下简称申请人），应当向县级农业行政主管部门提交书面申请，书面申请应当包括以下内容：

（一）申请人的姓名（名称）、地址、电话号码；

（二）产地的区域范围、生产规模；

（三）无公害农产品生产计划；

（四）产地环境说明；

（五）无公害农产品质量控制措施；

（六）有关专业技术和管理人员的资质证明材料；

（七）保证执行无公害农产品标准和规范的声明；

（八）其他有关材料。

第十五条　县级农业行政主管部门自收到申请之日起，在 10 个工作日内完成对申请材料的初审工作。

申请材料初审不符合要求的，应当书面通知申请人。

第十六条　申请材料初审符合要求的，县级农业行政主管部门应当逐级将推荐意见和有关材料上报省级农业行政主管部门。

第十七条　省级农业行政主管部门自收到推荐意见和有关材料之日起，在 10 个工作日内完成对有关材料的审核工作，符合要求的，组织有关人员对产地环境、区域范围、生产规模、质量控制措施、生产计划等进行现场检查。

现场检查不符合要求的，应当书面通知申请人。

第十八条　现场检查符合要求的，应当通知申请人委托具有资质资格的检测机构，对产地环境进行检测。

承担产地环境检测任务的机构，根据检测结果出具产地环境检测报告。

第十九条　省级农业行政主管部门对材料审核、现场检查和产地环境检测结果符合要求的，应当自收到现场检查报告和产地环境检测报告之日起，30个工作日内颁发无公害农产品产地认定证书，并报农业部和国家认证认可监督管理委员会备案。

不符合要求的，应当书面通知申请人。

第二十条　无公害农产品产地认定证书有效期为3年。期满需要继续使用的，应当在有效期满90日前按照本办法规定的无公害农产品产地认定程序，重新办理。

第四章　无公害农产品认证

第二十一条　无公害农产品的认证机构，由国家认证认可监督管理委员会审批，并获得国家认证认可监督管理委员会授权的认可机构的资格认可后，方可从事无公害农产品认证活动。

第二十二条　申请无公害产品认证的单位或者个人（以下简称申请人），应当向认证机构提交书面申请，书面申请应当包括以下内容：

（一）申请人的姓名（名称）、地址、电话号码；

（二）产品品种、产地的区域范围和生产规模；

（三）无公害农产品生产计划；

（四）产地环境说明；

（五）无公害农产品质量控制措施；

（六）有关专业技术和管理人员的资质证明材料；

（七）保证执行无公害农产品标准和规范的声明；

（八）无公害农产品产地认定证书；

（九）生产过程记录档案；

（十）认证机构要求提交的其他材料。

第二十三条　认证机构自收到无公害农产品认证申请之日起，应当在 15 个工作日内完成对申请材料的审核。

材料审核不符合要求的，应当书面通知申请人。

第二十四条　符合要求的，认证机构可以根据需要派员对产地环境、区域范围、生产规模、质量控制措施、生产计划、标准和规范的执行情况等进行现场检查。

现场检查不符合要求的，应当书面通知申请人。

第二十五条　材料审核符合要求的、或者材料审核和现场检查符合要求的（限于需要对现场进行检查时），认证机构应当通知申请人委托具有资质资格的检测机构对产品进行检测。

承担产品检测任务的机构，根据检测结果出具产品检测报告。

第二十六条　认证机构对材料审核、现场检查（限于需要对现场进行检查时）和产品检测结果符合要求的，应当在自收到现场检查报告和产品检测报告之日起，30 个工作日内颁发无公害农产品认证证书。

不符合要求的，应当书面通知申请人。

第二十七条　认证机构应当自颁发无公害农产品认证证书后 30 个工作日内，将其颁发的认证证书副本同时报农业部和国家认证认可监督管理委员会备案，由农业部和国家认证认可监督管理委员会公告。

第二十八条　无公害农产品认证证书有效期为 3 年。期满需要继续使用的，应当在有效期满 90 日前按照本办法规定的无公害农产品认证程序，重新办理。

在有效期内生产无公害农产品认证证书以外的产品品种的，应当向原无公害农产品认证机构办理认证证书的变更手续。

第二十九条　无公害农产品产地认定证书、产品认证证书格式由农业部、国家认证认可监督管理委员会规定。

第五章　标志管理

第三十条　农业部和国家认证认可监督管理委员会制定并发布《无

公害农产品标志管理办法》。

第三十一条　无公害农产品标志应当在认证的品种、数量等范围内使用。

第三十二条　获得无公害农产品认证证书的单位或者个人，可以在证书规定的产品、包装、标签、广告、说明书上使用无公害农产品标志。

第六章　监督管理

第三十三条　农业部、国家质量监督检验检疫总局、国家认证认可监督管理委员会和国务院有关部门根据职责分工依法组织对无公害农产品的生产、销售和无公害农产品标志使用等活动进行监督管理。

（一）查阅或者要求生产者、销售者提供有关材料；

（二）对无公害农产品产地认定工作进行监督；

（三）对无公害农产品认证机构的认证工作进行监督；

（四）对无公害农产品的检测机构的检测工作进行检查；

（五）对使用无公害农产品标志的产品进行检查、检验和鉴定；

（六）必要时对无公害农产品经营场所进行检查。

第三十四条　认证机构对获得认证的产品进行跟踪检查，受理有关的投诉、申诉工作。

第三十五条　任何单位和个人不得伪造、冒用、转让、买卖无公害农产品产地认定证书、农产品认证证书和标志。

第七章　罚　则

第三十六条　获得无公害农产品产地认定证书的单位或者个人违反本办法，有下列情形之一的，由省级农业行政主管部门予以警告，并责令限期改正；逾期未改正的，撤销其无公害农产品产地认定证书：

（一）无公害农产品产地被污染或者产地环境达不到标准要求的；

（二）无公害农产品产地使用的农业投入品不符合无公害农产品相关

标准要求的；

（三）擅自扩大无公害农产品产地范围的。

第三十七条　违反本办法第三十五条规定的，由县级以上农业行政主管部门和各地质量监督检验检疫部门根据各自的职责分工责令其停止，并可处以违法所得1倍以上3倍以下的罚款，但最高罚款不得超过3万元；没有违法所得的，可以处1万元以下的罚款。

第三十八条　获得无公害农产品认证并加贴标志的产品，经检查、检测、鉴定，不符合无公害农产品质量标准要求的，由县级以上农业行政主管部门或者各地质量监督检验检疫部门责令停止使用无公害农产品标志，由认证机构暂停或者撤销认证证书。

第三十九条　从事无公害农产品管理的工作人员滥用职权、徇私舞弊、玩忽职守的，由所在单位或者所在单位的上级行政主管部门给予行政处分；构成犯罪的，依法追究刑事责任。

第八章　附　　则

第四十条　从事无公害农产品的产地认定的部门和产品认证的机构不得收取费用。

检测机构的检测、无公害农产品标志按国家规定收取费用。

第四十一条　本办法由农业部、国家质量监督检验检疫总局和国家认证认可监督管理委员会负责解释。

第四十二条　本办法自发布之日起施行。

附录6

中华人民共和国农业部令

第 6 号

《绿色食品标志管理办法》已经 2012 年 6 月 13 日农业部第 7 次常务会议审议通过，现予公布，自 2012 年 10 月 1 日起施行。

部　长　　韩长赋

2012 年 7 月 30 日

绿色食品标志管理办法

第一章　总　则

第一条　为加强绿色食品标志使用管理，确保绿色食品信誉，促进绿色食品事业健康发展，维护生产经营者和消费者合法权益，根据《中华人民共和国农业法》《中华人民共和国食品安全法》《中华人民共和国农产品质量安全法》和《中华人民共和国商标法》，制定本办法。

第二条　本办法所称绿色食品，是指产自优良生态环境、按照绿色食品标准生产、实行全程质量控制并获得绿色食品标志使用权的安全、优质食用农产品及相关产品。

第三条　绿色食品标志依法注册为证明商标，受法律保护。

第四条　县级以上人民政府农业行政主管部门依法对绿色食品及绿

色食品标志进行监督管理。

第五条 中国绿色食品发展中心负责全国绿色食品标志使用申请的审查、颁证和颁证后跟踪检查工作。

省级人民政府农业行政主管部门所属绿色食品工作机构（以下简称省级工作机构）负责本行政区域绿色食品标志使用申请的受理、初审和颁证后跟踪检查工作。

第六条 绿色食品产地环境、生产技术、产品质量、包装贮运等标准和规范，由农业部制定并发布。

第七条 承担绿色食品产品和产地环境检测工作的技术机构，应当具备相应的检测条件和能力，并依法经过资质认定，由中国绿色食品发展中心按照公平、公正、竞争的原则择优指定并报农业部备案。

第八条 县级以上地方人民政府农业行政主管部门应当鼓励和扶持绿色食品生产，将其纳入本地农业和农村经济发展规划，支持绿色食品生产基地建设。

第二章　标志使用申请与核准

第九条 申请使用绿色食品标志的产品，应当符合《中华人民共和国食品安全法》和《中华人民共和国农产品质量安全法》等法律法规的规定，在国家工商总局商标局核定的范围内，并具备下列条件：

（一）产品或产品原料产地环境符合绿色食品产地环境质量标准；

（二）农药、肥料、饲料、兽药等投入品使用符合绿色食品投入品使用准则；

（三）产品质量符合绿色食品产品质量标准；

（四）包装贮运符合绿色食品包装贮运标准。

第十条 申请使用绿色食品标志的生产单位（以下简称申请人），应当具备下列条件：

（一）能够独立承担民事责任；

（二）具有绿色食品生产的环境条件和生产技术；

（三）具有完善的质量管理和质量保证体系；

（四）具有与生产规模相适应的生产技术人员和质量控制人员；

（五）具有稳定的生产基地；

（六）申请前三年内无质量安全事故和不良诚信记录。

第十一条　申请人应当向省级工作机构提出申请，并提交下列材料：

（一）标志使用申请书；

（二）资质证明材料；

（三）产品生产技术规程和质量控制规范；

（四）预包装产品包装标签或其设计样张；

（五）中国绿色食品发展中心规定提交的其他证明材料。

第十二条　省级工作机构应当自收到申请之日起十个工作日内完成材料审查。符合要求的，予以受理，并在产品及产品原料生产期内组织有资质的检查员完成现场检查；不符合要求的，不予受理，书面通知申请人并告知理由。

现场检查合格的，省级工作机构应当书面通知申请人，由申请人委托符合第七条规定的检测机构对申请产品和相应的产地环境进行检测；现场检查不合格的，省级工作机构应当退回申请并书面告知理由。

第十三条　检测机构接受申请人委托后，应当及时安排现场抽样，并自产品样品抽样之日起二十个工作日内、环境样品抽样之日起三十个工作日内完成检测工作，出具产品质量检验报告和产地环境监测报告，提交省级工作机构和申请人。

检测机构应当对检测结果负责。

第十四条　省级工作机构应当自收到产品检验报告和产地环境监测报告之日起二十个工作日内提出初审意见。初审合格的，将初审意见及相关材料报送中国绿色食品发展中心。初审不合格的，退回申请并书面告知理由。

省级工作机构应当对初审结果负责。

第十五条　中国绿色食品发展中心应当自收到省级工作机构报送的申请材料之日起三十个工作日内完成书面审查，并在二十个工作日内组

织专家评审。必要时，应当进行现场核查。

第十六条 中国绿色食品发展中心应当根据专家评审的意见，在五个工作日内作出是否颁证的决定。同意颁证的，与申请人签订绿色食品标志使用合同，颁发绿色食品标志使用证书，并公告；不同意颁证的，书面通知申请人并告知理由。

第十七条 绿色食品标志使用证书是申请人合法使用绿色食品标志的凭证，应当载明准许使用的产品名称、商标名称、获证单位及其信息编码、核准产量、产品编号、标志使用有效期、颁证机构等内容。

绿色食品标志使用证书分中文、英文版本，具有同等效力。

第十八条 绿色食品标志使用证书有效期三年。

证书有效期满，需要继续使用绿色食品标志的，标志使用人应当在有效期满三个月前向省级工作机构书面提出续展申请。省级工作机构应当在四十个工作日内组织完成相关检查、检测及材料审核。初审合格的，由中国绿色食品发展中心在十个工作日内作出是否准予续展的决定。准予续展的，与标志使用人续签绿色食品标志使用合同，颁发新的绿色食品标志使用证书并公告；不予续展的，书面通知标志使用人并告知理由。

标志使用人逾期未提出续展申请，或者申请续展未获通过的，不得继续使用绿色食品标志。

第三章　标志使用管理

第十九条 标志使用人在证书有效期内享有下列权利：

（一）在获证产品及其包装、标签、说明书上使用绿色食品标志；

（二）在获证产品的广告宣传、展览展销等市场营销活动中使用绿色食品标志；

（三）在农产品生产基地建设、农业标准化生产、产业化经营、农产品市场营销等方面优先享受相关扶持政策。

第二十条 标志使用人在证书有效期内应当履行下列义务：

（一）严格执行绿色食品标准，保持绿色食品产地环境和产品质量稳定可靠；

（二）遵守标志使用合同及相关规定，规范使用绿色食品标志；

（三）积极配合县级以上人民政府农业行政主管部门的监督检查及其所属绿色食品工作机构的跟踪检查。

第二十一条　未经中国绿色食品发展中心许可，任何单位和个人不得使用绿色食品标志。

禁止将绿色食品标志用于非许可产品及其经营性活动。

第二十二条　在证书有效期内，标志使用人的单位名称、产品名称、产品商标等发生变化的，应当经省级工作机构审核后向中国绿色食品发展中心申请办理变更手续。

产地环境、生产技术等条件发生变化，导致产品不再符合绿色食品标准要求的，标志使用人应当立即停止标志使用，并通过省级工作机构向中国绿色食品发展中心报告。

第四章　监督检查

第二十三条　标志使用人应当健全和实施产品质量控制体系，对其生产的绿色食品质量和信誉负责。

第二十四条　县级以上地方人民政府农业行政主管部门应当加强绿色食品标志的监督管理工作，依法对辖区内绿色食品产地环境、产品质量、包装标识、标志使用等情况进行监督检查。

第二十五条　中国绿色食品发展中心和省级工作机构应当建立绿色食品风险防范及应急处置制度，组织对绿色食品及标志使用情况进行跟踪检查。

省级工作机构应当组织对辖区内绿色食品标志使用人使用绿色食品标志的情况实施年度检查。检查合格的，在标志使用证书上加盖年度检查合格章。

第二十六条　标志使用人有下列情形之一的，由中国绿色食品发展中心取消其标志使用权，收回标志使用证书，并予公告：

（一）生产环境不符合绿色食品环境质量标准的；

（二）产品质量不符合绿色食品产品质量标准的；

（三）年度检查不合格的；

（四）未遵守标志使用合同约定的；

（五）违反规定使用标志和证书的；

（六）以欺骗、贿赂等不正当手段取得标志使用权的。

标志使用人依照前款规定被取消标志使用权的，三年内中国绿色食品发展中心不再受理其申请；情节严重的，永久不再受理其申请。

第二十七条 任何单位和个人不得伪造、转让绿色食品标志和标志使用证书。

第二十八条 国家鼓励单位和个人对绿色食品和标志使用情况进行社会监督。

第二十九条 从事绿色食品检测、审核、监管工作的人员，滥用职权、徇私舞弊和玩忽职守的，依照有关规定给予行政处罚或行政处分；构成犯罪的，依法移送司法机关追究刑事责任。

承担绿色食品产品和产地环境检测工作的技术机构伪造检测结果的，除依法予以处罚外，由中国绿色食品发展中心取消指定，永久不得再承担绿色食品产品和产地环境检测工作。

第三十条 其他违反本办法规定的行为，依照《中华人民共和国食品安全法》《中华人民共和国农产品质量安全法》和《中华人民共和国商标法》等法律法规处罚。

第五章 附 则

第三十一条 绿色食品标志有关收费办法及标准，依照国家相关规定执行。

第三十二条 本办法自 2012 年 10 月 1 日起施行。农业部 1993 年 1 月 11 日印发的《绿色食品标志管理办法》（1993 农（绿）字第 1 号）同时废止。

附录7

中国国家认证认可监管管理委员会公告

认监委 2011 年第 34 号公告

　　为进一步完善有机产品认证制度，规范有机产品认证活动，保证认证活动的一致性和有效性，根据《中华人民共和国认证认可条例》和《有机产品认证管理办法》等法规、规章的有关规定，国家认监委对 2005 年 6 月发布的《有机产品认证实施规则》（国家认监委 2005 年第 11 号公告，以下简称旧版认证实施规则）进行了修订，现将修订后的《有机产品认证实施规则》（以下简称新版认证实施规则）予以公布，并就有关事项公告如下：

　　一、新版认证实施规则自 2012 年 3 月 1 日起实施。各机构应尽快依据新版认证实施规则修订管理体系文件，并做好新版认证实施规则和 GB/T 19630-2011《有机产品》国家标准的宣贯。

　　二、自 2012 年 3 月 1 日起，认证机构对新申请有机产品认证企业及已获认证企业的认证活动均需依据新版认证实施规则执行。

　　三、国家认监委 2005 年第 11 号公告自 2012 年 3 月 1 日起废止。

　　附件：有机产品认证实施规则（CNCA-N-009：2011）

中国国家认证认可监督管理委员会
二〇一一年十二月二日

有机产品认证实施规则

目　录

1. 目的和范围

1.1　为规范有机产品认证活动，根据《中华人民共和国认证认可条例》《有机产品认证管理办法》等有关规定制定本规则。

1.2　本规则规定了从事有机产品认证的认证机构（以下简称认证机构）实施有机产品认证的程序与管理的基本要求。

1.3　对在中华人民共和国境内销售的有机产品进行的认证活动，应当遵守本规则的规定。

　　对从与国家认证认可监督管理委员会（以下简称"国家认监委"）签署了有机产品认证体系等效备忘录或协议的国家/地区进口的有机产品进行的认证活动，应当遵守备忘录或协议的相关规定。

1.4　遵守本规则的规定，并不意味着可免除其所承担的法律责任。

2. 认证机构要求

2.1　从事有机产品认证活动的认证机构，应当具备《中华人民共和国认证认可条例》规定的条件和从事有机产品认证的技术能力，并获得国家认监委的批准。

2.2　认证机构应在获得国家认监委批准后的 12 个月内，向国家认监委提交其实施有机产品认证活动符合本规则和 GB/T 27065《产品认证机构通用要求》的证明文件。认证机构在未提交相关证明文件前，每个批准认证范围颁发认证证书数量不得超过 5 张。

3. 认证人员要求

3.1　从事认证活动的人员应当具备必要的个人素质；具有相关专业教育和工作经历；接受过有机产品生产、加工、经营、食品安全及认证技术等方面的培训，具备相应的知识和技能。

3.2　有机产品认证检查员应取得中国认证认可协会的执业注册资质。

3.3　认证机构应对本机构的认证检查员的能力做出评价，以满足实施相

应认证范围的有机产品认证活动的需要。

4. 认证依据

GB/T 19630《有机产品》

5. 认证程序

5.1　认证申请

5.1.1　认证委托人应具备以下条件：

（1）取得国家工商行政管理部门或有关机构注册登记的法人资格；

（2）已取得相关法规规定的行政许可（适用时）；

（3）生产、加工的产品符合中华人民共和国相关法律、法规、安全卫生标准和有关规范的要求；

（4）建立和实施了文件化的有机产品管理体系，并有效运行 3 个月以上；

（5）申请认证的产品种类应在国家认监委公布的《有机产品认证目录》内；

（6）在五年内未因 8.5 中（1）至（4）的原因，被认证机构撤销认证证书；

（7）在一年内，未因 8.5 中（5）至（11）的原因，被认证机构撤销认证证书。

5.1.2　认证委托人应提交的文件和资料：

（1）认证委托人的合法经营资质文件复印件，如营业执照副本、组织机构代码证、土地使用权证明及合同等。

（2）认证委托人及其有机生产、加工、经营的基本情况：

a）认证委托人名称、地址、联系方式；当认证委托人不是产品的直接生产、加工者时，生产、加工者的名称、地址、联系方式；

b）生产单元或加工场所概况；

c）申请认证产品名称、品种及其生产规模包括面积、产量、数量、加工量等；同一生产单元内非申请认证产品和非有机方式生产的产品的基本信息；

d）过去三年间的生产历史，如植物生产的病虫草害防治、投入物使用及收获等农事活动描述；野生植物采集情况的描述；动物、水产养殖的饲养方法、疾病防治、投入物使用、动物运输和屠宰等情况的描述；

e）申请和获得其他认证的情况。

（3）产地（基地）区域范围描述，包括地理位置、地块分布、缓冲带及产地周围临近地块的使用情况等；加工场所周边环境描述、厂区平面图、工艺流程图等。

（4）有机产品生产、加工规划，包括对生产、加工环境适宜性的评价，对生产方式、加工工艺和流程的说明及证明材料，农药、肥料、食品添加剂等投入物质的管理制度以及质量保证、标识与追溯体系建立、有机生产加工风险控制措施等。

（5）本年度有机产品生产、加工计划，上一年度销售量、销售额和主要销售市场等。

（6）承诺守法诚信，接受行政监管部门及认证机构监督和检查，保证提供材料真实、执行有机产品标准、技术规范的声明。

（7）有机生产、加工的管理体系文件。

（8）有机转换计划（适用时）。

（9）当认证委托人不是有机产品的直接生产、加工者时，认证委托人与有机产品生产、加工者签订的书面合同复印件。

（10）其他相关材料。

5.2 认证受理

5.2.1 认证机构应至少公开以下信息：

（1）认证资质范围及有效期；

（2）认证程序和认证要求；

（3）认证依据；

（4）认证收费标准；

（5）认证机构和认证委托人的权利与义务；

（6）认证机构处理申诉、投诉和争议的程序；

（7）批准、注销、变更、暂停、恢复和撤销认证证书的规定与程序；

（8）获证组织使用中国有机产品认证标志、认证证书和认证机构标识或名称的要求；

（9）获证组织正确宣传的要求。

5.2.2 申请评审

对符合5.1要求的认证委托人，认证机构应根据有机产品认证依据、程序等要求，在10个工作日内对提交的申请文件和资料进行评审并保存评审记录，以确保：

（1）认证要求规定明确、形成文件并得到理解；

（2）认证机构和认证委托人之间在理解上的差异得到解决；

（3）对于申请的认证范围，认证委托人的工作场所和任何特殊要求，认证机构均有能力开展认证服务。

5.2.3 评审结果处理

申请材料齐全、符合要求的，予以受理认证申请。

对不予受理的，应当书面通知认证委托人，并说明理由。

5.3 现场检查准备与实施

5.3.1 根据所申请产品的对应的认证范围，认证机构应委派具有相应资质和能力的检查员组成检查组。每个检查组应至少有1名相应认证范围注册资质的专业检查员。

对同一认证委托人的同一生产单元不能连续3年以上（含3年）委派同一检查员实施检查。

5.3.2 检查任务

认证机构在现场检查前应向检查组下达检查任务书，内容包括但不限于：

（1）认证委托人的联系方式、地址等；

（2）检查依据，包括认证标准、认证实施规则和其他规范性文件；

（3）检查范围，包括检查的产品种类、生产加工过程和生产加工基地等；

（4）检查组成员，检查的时间要求；

（5）检查要点，包括管理体系、追踪体系、投入物的使用和包装标识等；

（6）上年度认证机构提出的不符合项（适用时）。

5.3.3　文件评审

在现场检查前，应对认证委托人的管理体系文件进行评审，确定其适宜性、充分性及与认证要求的符合性，并保存评审记录。

5.3.4　检查计划

5.3.4.1　检查组应制订检查计划，并在现场检查前得到认证委托人的确认。

认证监管部门对认证机构检查方案、计划有异议的，应至少在现场检查前2天提出。认证机构应当及时与该部门进行沟通，协调一致后方可实施现场检查。

5.3.4.2　现场检查时间应当安排在申请认证产品的生产、加工的高风险阶段。因生产季等原因，初次现场检查不能覆盖所有申请认证产品的，应当在认证证书有效期内实施现场补充检查。

5.3.4.3　应对生产单元的全部生产活动范围逐一进行现场检查；多个农户负责生产（如农业合作社或公司＋农户）的组织应检查全部农户。应对所有加工场所实施检查。需在非生产、加工场所进行二次分装／分割的，也应对二次分装／分割的场所进行现场检查，以保证认证产品的完整性。

现场检查还应考虑以下因素：

——有机与非有机产品间的价格差异；

——组织内农户间生产体系和种植、养殖品种的相似程度；

——往年检查中发现的不符合项；

——组织内部控制体系的有效性；

——再次加工分装分割对认证产品完整性的影响（适用时）。

5.3.5 检查实施

根据认证依据的要求对认证委托人的管理体系进行评审，核实生产、加工过程与认证委托人按照 5.1.2 条款所提交的文件的一致性，确认生产、加工过程与认证依据的符合性。检查过程至少应包括：

（1）对生产、加工过程和场所的检查，如生产单元存在非有机生产或加工时，也应对其非有机部分进行检查；

（2）对生产、加工管理人员、内部检查员、操作者的访谈；

（3）对 GB/T 19630.4 所规定的管理体系文件与记录进行审核；

（4）对认证产品的产量与销售量的汇总核算；

（5）对产品和认证标志追溯体系、包装标识情况的评价和验证；

（6）对内部检查和持续改进的评估；

（7）对产地和生产加工环境质量状况的确认，并评估对有机生产、加工的潜在污染风险；

（8）样品采集；

（9）对上一年度提出的不符合项采取的纠正和／或纠正措施进行验证（适用时）。

检查组在结束检查前，应对检查情况进行总结，向受检查方及认证委托人明确并确认存在的不符合项，对存在的问题进行说明。

5.3.6 样品检测

5.3.6.1 应对申请认证的所有产品进行检测，并在风险评估基础上确定检测项目。认证证书发放前无法采集样品的，应在证书有效期内进行检测。

5.3.6.2 认证机构应委托具备法定资质的检测机构对样品进行检测。

5.3.6.3 有机生产或加工中允许使用物质的残留量应符合相关法规、标准的规定。有机生产和加工中禁止使用的物质不得检出。

5.3.7 产地环境质量状况

认证委托人应出具有资质的监（检）测机构对产地环境质量进行的监（检）测报告以证明其产地的环境质量状况符合 GB/T 19630《有机产

品》规定的要求。土壤和水的检测报告委托方应为认证委托人。

5.3.8 有机转换要求

5.3.8.1 未能保持有机认证的生产单元，需重新经过有机转换才能再次获得有机认证。

5.3.8.2 有机转换计划须获得认证机构批准，并且在开始实施转换计划后每年须经认证机构核实、确认。未按转换计划完成转换的生产单元不能获得认证。

5.3.9 投入品

5.3.9.1 有机生产或加工过程中允许使用 GB/T 19630.1 附录 A、附录 B 及 GB/T 19630.2 附录 A、附录 B 列出的物质。

5.3.9.2 对未列入 GB/T 19630.1 附录 A、附录 B 或 GB/T19630.2 附录 A、附录 B 的投入品，认证委托人应在使用前向认证机构提交申请，详细说明使用的必要性和申请使用投入品的组分、组分来源、使用方法、使用条件、使用量以及该物质的分析测试报告（必要时），认证机构应根据 GB/T 19630.1 附录 C 或 GB/T 19630.2 附录 C 的要求对其进行评估。经评估符合要求的，由认证机构报国家认监委批准后方可使用。

5.3.9.3 国家认监委可在专家评估的基础上，公布有机生产、加工投入品临时补充列表。

5.3.10 检查报告

5.3.10.1 认证机构应规定检查报告的格式。

5.3.10.2 应通过检查记录、检查报告等书面文件，提供充分的信息使认证机构能作出客观的认证决定。

5.3.10.3 检查报告应包括检查组通过风险评估对认证委托人的生产、加工活动与认证要求符合性的判断，对其管理体系运行有效性的评价，对检查过程中收集的信息以及对符合与不符合认证要求的说明，对其产品质量安全状况的判定等内容。

5.3.10.4 检查组应对认证委托人执行标准的总体情况做出评价，但不应对认证委托人是否通过认证做出书面结论。

5.4 认证决定

5.4.1 认证机构应基于对产地环境质量在现场检查和产品检测评估的基础上作出认证决定。认证决定同时应考虑的因素还应包括：产品生产、加工特点，企业管理体系稳定性，当地农兽药管理和社会整体诚信水平等。

对于符合认证要求的认证委托人，认证机构应颁发认证证书（基本格式见附件1、附件2）。

对于不符合认证要求的认证委托人，认证机构应以书面的形式明示其不能通过认证的原因。

5.4.2 认证委托人符合下列条件之一，予以批准认证：

（1）生产加工活动、管理体系及其他审核证据符合本规则和认证标准的要求；

（2）生产加工活动、管理体系及其他审核证据虽不完全符合本规则和认证依据标准的要求，但认证委托人已经在规定的期限内完成了不符合项纠正或（和）纠正措施，并通过认证机构验证。

5.4.3 认证委托人的生产加工活动存在以下情况之一，不予批准认证：

（1）提供虚假信息，不诚信的；

（2）未建立管理体系或建立的管理体系未有效实施的；

（3）生产加工过程使用了禁用物质或者受到禁用物质污染的；

（4）产品检测发现存在禁用物质的；

（5）申请认证的产品质量不符合国家相关法规和（或）标准强制要求的；

（6）存在认证现场检查场所外进行再次加工、分装、分割情况的；

（7）一年内出现重大产品质量安全问题或因产品质量安全问题被撤销有机产品认证证书的；

（8）未在规定的期限完成不符合项纠正或者（和）纠正措施，或者提交的纠正或者（和）纠正措施未满足认证要求的；

（9）经监（检）测产地环境受到污染的；

（10）其他不符合本规则和（或）有机标准要求，且无法纠正的。

5.4.4　申诉

认证委托人如对认证决定结果有异议，可在 10 个工作日内向认证机构申诉，认证机构自收到申诉之日起，应在 30 个工作日内进行处理，并将处理结果书面通知认证委托人。

认证委托人如认为认证机构的行为严重侵害了自身合法权益，可以直接向认证监管部门申诉。

6. 认证后管理

6.1　认证机构应当每年对获证组织至少实施一次现场检查。认证机构应根据申请认证产品种类和风险、生产企业管理体系的稳定性、当地诚信水平总体情况等，合理确定现场检查频次。同一认证的品种在证书有效期内如有多个生产季的，则每个生产季均需进行现场检查。

此外，认证机构还应在风险评估的基础上每年至少对 5% 的获证组织实施一次不通知的现场检查。

6.2　认证机构应及时获得获证组织变更信息，对获证组织有效管理，以保证其持续符合认证的要求。

6.3　认证机构在与认证委托人签订的合同中，应明确约定获证组织需建立信息通报制度，及时向认证机构通报以下信息：

（1）法律地位、经营状况、组织状态或所有权变更的信息；

（2）组织和管理层变更的信息；

（3）联系地址和场所变更的信息；

（4）有机产品管理体系、生产、加工、经营状况或过程变更的信息；

（5）认证产品的生产、加工、经营场所周围发生重大动、植物疫情的信息；

（6）生产、加工、经营的有机产品质量安全重要信息，如相关部门抽查发现存在严重质量安全问题或消费者重大投诉等；

（7）获证组织因违反国家农产品、食品安全管理相关法律法规而受到处罚；

（8）采购的原料或产品存在不符合认证依据要求的情况；

（9）不合格品撤回及处理的信息；

（10）其他重要信息。

6.4　销售证

6.4.1　认证机构应制定销售证申请和办理程序，要求获证组织在销售认证产品前向认证机构申请销售证。

6.4.2　认证机构应对获证组织与顾客签订的供货协议、销售的认证产品范围和数量进行审核。对符合要求的，颁发有机产品销售证。

6.4.3　销售证由获证组织在销售获证产品时转交给购买单位。获证组织应保存销售证的复印件，以备认证机构审核。

6.4.4　销售证基本格式见附件3。

7. 再认证

7.1　获证组织应至少在认证证书有效期结束前3个月向认证机构提出再认证申请。

　　获证组织的有机产品管理体系和生产、加工过程未发生变更时，可适当简化申请评审和文件评审程序。

7.2　认证机构应当在认证证书有效期内进行再认证检查。因不可抗拒力的原因，不能在认证证书有效期内进行再认证检查时，获证组织应在证书有效期内向认证机构提出书面申请，说明原因。经认证机构确认，再认证可在认证证书有效期后的3个月内实施，但不得超过3个月。延长期内生产的产品，不得作为有机产品进行销售。

7.3　不能在认证证书有效期内进行现场检查，在3个月延长期内未实施再认证的生产单元需重新进行转换认证。

8. 认证证书、认证标志的管理

8.1　认证证书基本格式

　　有机产品认证证书有效期为一年，认证证书基本格式应符合本规则附件1、附件2的规定。认证证书的编号应当从"中国食品农产品认证信息系统"中获取，认证机构不得自行编制认证证书编号发放认证证书。

8.2 认证证书的变更

获证产品在认证证书有效期内，有下列情形之一的，认证委托人应当向认证机构申请认证证书的变更：

（1）有机产品生产、加工单位名称或者法人性质发生变更的；

（2）产品种类和数量减少的；

（3）有机产品转换期满的；

（4）其他需要变更的情形。

8.3 认证证书的注销

有下列情形之一的，认证机构应当注销获证组织认证证书，并对外公布：

（1）认证证书有效期届满前，未申请延续使用的；

（2）获证产品不再生产的；

（3）认证委托人申请注销的；

（4）其他依法应当注销的情形。

8.4 认证证书的暂停

有下列情形之一的，认证机构应当暂停认证证书1～3个月，并对外公布：

（1）未按规定使用认证证书或认证标志的；

（2）获证产品的生产、加工过程或者管理体系不符合认证要求，且在30日内不能采取有效纠正或（和）者纠正措施的；

（3）未按要求对信息进行通报的；

（4）认证监管部门责令暂停认证证书的；

（5）其他需要暂停认证证书的情形。

8.5 认证证书的撤销

有下列情况之一的，认证机构应当撤销认证证书，并对外公布：

（1）获证产品质量不符合国家相关法规、标准强制要求或者被检出禁用物质的；

（2）生产、加工过程中使用了有机产品国家标准禁用物质或者受到禁用物质污染的；

（3）虚报、瞒报获证所需信息的；

（4）超范围使用认证标志的；

（5）产地（基地）环境质量不符合认证要求的；

（6）认证证书暂停期间，认证委托人未采取有效纠正或者（和）纠正措施的；

（7）获证产品在认证证书标明的生产、加工场所外进行了再次加工、分装、分割的；

（8）对相关方重大投诉未能采取有效处理措施的；

（9）获证组织因违反国家农产品、食品安全管理相关法律法规，受到相关行政处罚的；

（10）获证组织不接受认证监管部门、认证机构对其实施监督的；

（11）认证监管部门责令撤销认证证书的；

（12）其他需要撤销认证证书的。

8.6　认证证书的恢复

认证证书被注销或撤销后，不能以任何理由予以恢复。

被暂停证书的获证组织，需认证证书暂停期满且完成不符合项纠正或（和）纠正措施并经认证机构确认后方可恢复认证证书。

8.7　证书与标志使用

认证证书和认证标志的管理、使用应当符合《认证证书和认证标志管理办法》《有机产品认证管理办法》和《有机产品》国家标准的规定。

中国有机产品认证标志分为中国有机产品认证标志和中国有机转换产品认证标志。获证产品或者产品的最小销售包装上应当加施中国有机产品认证标志及其唯一编号（编号前应注明"有机码"以便识别）、认证机构名称或者其标识。

初次获得有机转换产品认证证书一年内生产的有机转换产品，只能以常规产品销售，不得使用有机转换产品认证标志及相关文字说明。

认证证书暂停期间，认证机构应当通知并监督获证组织停止使用有机产品认证证书和标志，暂时封存仓库中带有有机产品认证标志的相应批次产品；获证组织应将注销、撤销的有机产品认证证书和未使用的标志交回认证机构或获证组织应在认证机构的监督下销毁剩余标志和带有有机产品认证标志的产品包装。必要时，召回相应批次带有有机产品认证标志的产品。

9. 信息报告

认证机构应当按照要求及时将下列信息通报相关政府监管部门：

（1）认证机构应当按要求，及时向"中国食品农产品认证信息系统"填报认证活动信息，现场检查计划应在现场检查 5 个工作日前录入信息系统；

（2）认证机构应当在 10 个工作日内将撤销、暂停认证证书的获证组织名单和原因，向国家认监委和该组织所在地的省级质量监督、检验检疫、工商行政管理部门报告，并向社会公布；

（3）认证机构在获知获证组织发生产品质量安全事故后，应当及时将相关信息向国家认监委和获证组织所在地的省级质量监督、检验检疫、工商行政管理部门通报；

（4）认证机构应当于每年 3 月底之前将上年度有机产品生产 / 加工（如包含加工企业时）企业认证工作报告报送国家认监委，报告内容至少包括：颁证数量、获证产品质量分析、暂停和撤销认证证书清单及原因分析等。

10. 认证收费

认证机构应根据相关规定收取认证费用。

附件：略。

附录 8

中华人民共和国农业部令

第 11 号

《农产品地理标志管理办法》业经 2007 年 12 月 6 日农业部第 15 次常务会议审议通过，现予发布，自 2008 年 2 月 1 日起施行。

部　长　　孙政才

二〇〇七年十二月二十五日

农产品地理标志管理办法

第一章　总　则

第一条　为规范农产品地理标志的使用，保证地理标志农产品的品质和特色，提升农产品市场竞争力，依据《中华人民共和国农业法》《中华人民共和国农产品质量安全法》相关规定，制定本办法。

第二条　本办法所称农产品是指来源于农业的初级产品，即在农业活动中获得的植物、动物、微生物及其产品。

本办法所称农产品地理标志，是指标示农产品来源于特定地域，产品品质和相关特征主要取决于自然生态环境和历史人文因素，并以地域名称冠名的特有农产品标志。

第三条　国家对农产品地理标志实行登记制度。经登记的农产品地理标志受法律保护。

第四条　农业部负责全国农产品地理标志的登记工作，农业部农产品质量安全中心负责农产品地理标志登记的审查和专家评审工作。

省级人民政府农业行政主管部门负责本行政区域内农产品地理标志登记申请的受理和初审工作。

农业部设立的农产品地理标志登记专家评审委员会，负责专家评审。农产品地理标志登记专家评审委员会由种植业、畜牧业、渔业和农产品质量安全等方面的专家组成。

第五条　农产品地理标志登记不收取费用。县级以上人民政府农业行政主管部门应当将农产品地理标志管理经费编入本部门年度预算。

第六条　县级以上地方人民政府农业行政主管部门应当将农产品地理标志保护和利用纳入本地区的农业和农村经济发展规划，并在政策、资金等方面予以支持。

国家鼓励社会力量参与推动地理标志农产品发展。

第二章　登　记

第七条　申请地理标志登记的农产品，应当符合下列条件：

（一）称谓由地理区域名称和农产品通用名称构成；

（二）产品有独特的品质特性或者特定的生产方式；

（三）产品品质和特色主要取决于独特的自然生态环境和人文历史因素；

（四）产品有限定的生产区域范围；

（五）产地环境、产品质量符合国家强制性技术规范要求。

第八条　农产品地理标志登记申请人为县级以上地方人民政府根据下列条件择优确定的农民专业合作经济组织、行业协会等组织。

（一）具有监督和管理农产品地理标志及其产品的能力；

（二）具有为地理标志农产品生产、加工、营销提供指导服务的能力；

（三）具有独立承担民事责任的能力。

第九条　符合农产品地理标志登记条件的申请人，可以向省级人民政府农业行政主管部门提出登记申请，并提交下列申请材料：

（一）登记申请书；

（二）申请人资质证明；

（三）产品典型特征特性描述和相应产品品质鉴定报告；

（四）产地环境条件、生产技术规范和产品质量安全技术规范；

（五）地域范围确定性文件和生产地域分布图；

（六）产品实物样品或者样品图片；

（七）其他必要的说明性或者证明性材料。

第十条 省级人民政府农业行政主管部门自受理农产品地理标志登记申请之日起，应当在 45 个工作日内完成申请材料的初审和现场核查，并提出初审意见。符合条件的，将申请材料和初审意见报送农业部农产品质量安全中心；不符合条件的，应当在提出初审意见之日起 10 个工作日内将相关意见和建议通知申请人。

第十一条 农业部农产品质量安全中心应当自收到申请材料和初审意见之日起 20 个工作日内，对申请材料进行审查，提出审查意见，并组织专家评审。

专家评审工作由农产品地理标志登记评审委员会承担。农产品地理标志登记专家评审委员会应当独立做出评审结论，并对评审结论负责。

第十二条 经专家评审通过的，由农业部农产品质量安全中心代表农业部对社会公示。

有关单位和个人有异议的，应当自公示截止日起 20 日内向农业部农产品质量安全中心提出。公示无异议的，由农业部作出登记决定并公告，颁发《中华人民共和国农产品地理标志登记证书》，公布登记产品相关技术规范和标准。

专家评审没有通过的，由农业部作出不予登记的决定，书面通知申请人，并说明理由。

第十三条 农产品地理标志登记证书长期有效。

有下列情形之一的，登记证书持有人应当按照规定程序提出变更申请：

（一）登记证书持有人或者法定代表人发生变化的；

（二）地域范围或者相应自然生态环境发生变化的。

第十四条　农产品地理标志实行公共标识与地域产品名称相结合的标注制度。公共标识基本图案见附图。农产品地理标志使用规范由农业部另行制定公布。

第三章　标志使用

第十五条　符合下列条件的单位和个人，可以向登记证书持有人申请使用农产品地理标志：

（一）生产经营的农产品产自登记确定的地域范围；

（二）已取得登记农产品相关的生产经营资质；

（三）能够严格按照规定的质量技术规范组织开展生产经营活动；

（四）具有地理标志农产品市场开发经营能力。

使用农产品地理标志，应当按照生产经营年度与登记证书持有人签订农产品地理标志使用协议，在协议中载明使用的数量、范围及相关的责任义务。

农产品地理标志登记证书持有人不得向农产品地理标志使用人收取使用费。

第十六条　农产品地理标志使用人享有以下权利：

（一）可以在产品及其包装上使用农产品地理标志；

（二）可以使用登记的农产品地理标志进行宣传和参加展览、展示及展销。

第十七条　农产品地理标志使用人应当履行以下义务：

（一）自觉接受登记证书持有人的监督检查；

（二）保证地理标志农产品的品质和信誉；

（三）正确规范地使用农产品地理标志。

第四章　监督管理

第十八条　县级以上人民政府农业行政主管部门应当加强农产品地

理标志监督管理工作，定期对登记的地理标志农产品的地域范围、标志使用等进行监督检查。

登记的地理标志农产品或登记证书持有人不符合本办法第七条、第八条规定的，由农业部注销其地理标志登记证书并对外公告。

第十九条 地理标志农产品的生产经营者，应当建立质量控制追溯体系。农产品地理标志登记证书持有人和标志使用人，对地理标志农产品的质量和信誉负责。

第二十条 任何单位和个人不得伪造、冒用农产品地理标志和登记证书。

第二十一条 国家鼓励单位和个人对农产品地理标志进行社会监督。

第二十二条 从事农产品地理标志登记管理和监督检查的工作人员滥用职权、玩忽职守、徇私舞弊的，依法给予处分；涉嫌犯罪的，依法移送司法机关追究刑事责任。

第二十三条 违反本办法规定的，由县级以上人民政府农业行政主管部门依照《中华人民共和国农产品质量安全法》有关规定处罚。

第五章 附 则

第二十四条 农业部接受国外农产品地理标志在中华人民共和国的登记并给予保护，具体办法另行规定。

第二十五条 本办法自 2008 年 2 月 1 日起施行。

附图：公共标识基本图案

附录9

中华人民共和国农业部公告

（第 199 号）

为从源头上解决农产品尤其是蔬菜、水果、茶叶的农药残留超标问题，我部在对甲胺磷等5种高毒有机磷农药加强登记管理的基础上，又停止受理一批高毒、剧毒农药的登记申请，撤销一批高毒农药在一些作物上的登记。现公布国家明令禁止使用的农药和不得在蔬菜、果树、茶叶、中草药材上使用的高毒农药品种清单。

一、国家明令禁止使用的农药

六六六（HCH），滴滴涕（DDT），毒杀芬（camphechlor），二溴氯丙烷（dibromochloropane），杀虫脒（chlordimeform），二溴乙烷（EDB），除草醚（nitrofen），艾氏剂（aldrin），狄氏剂（dieldrin），汞制剂（mercurycompounds），砷（arsena）、铅（acetate）类，敌枯双，氟乙酰胺（fluoroacetamide），甘氟（gliftor），毒鼠强（tetramine），氟乙酸钠（sodiumfluoroacetate），毒鼠硅（silatrane）。

二、在蔬菜、果树、茶叶、中草药材上不得使用和限制使用的农药甲胺磷（methamidophos），甲基对硫磷（parathion-methyl），对硫磷（parathion），久效磷（monocrotophos），磷胺（phosphamidon），甲拌磷（phorate），甲基异柳磷（isofenphos-methyl），特丁硫磷（terbufos），甲基硫环磷（phosfolan-methyl），治螟磷（sulfotep），内吸磷（demeton），克百威（carbofuran），涕灭威（aldicarb），灭线磷（ethoprophos），硫环磷（phosfolan），蝇毒磷（coumaphos），地虫硫磷（fonofos），氯唑磷（isazofos），苯线磷（fenamiphos）19种高毒农药不得用于蔬菜、果树、茶

叶、中草药材上。三氯杀螨醇（dicofol），氰戊菊酯（fenvalerate）不得用于茶树上。任何农药产品都不得超出农药登记批准的使用范围使用。

各级农业部门要加大对高毒农药的监管力度，按照《农药管理条例》的有关规定，对违法生产、经营国家明令禁止使用的农药的行为，以及违法在果树、蔬菜、茶叶、中草药材上使用不得使用或限用农药的行为，予以严厉打击。各地要做好宣传教育工作，引导农药生产者、经营者和使用者生产、推广和使用安全、高效、经济的农药，促进农药品种结构调整步伐，促进无公害农产品生产发展。

2002 年 6 月 5 日

附录 10

中华人民共和国农业部公告

（第 176 号）

为加强饲料、兽药和人用药品管理，防止在饲料生产、经营、使用和动物饮用水中超范围、超剂量使用兽药和饲料添加剂，杜绝滥用违禁药品的行为，根据《饲料和饲料添加剂管理条例》《兽药管理条例》《药品管理法》的有关规定，现公布《禁止在饲料和动物饮用水中使用的药物品种目录》，并就有关事项公告如下：

一、凡生产、经营和使用的营养性饲料添加剂和一般饲料添加剂，均应属于《允许使用的饲料添加剂品种目录》（农业部第 105 号公告）中规定的品种及经审批公布的新饲料添加剂，生产饲料添加剂的企业需办理生产许可证和产品批准文号，新饲料添加剂需办理新饲料添加剂证书，经营企业必须按照《饲料和饲料添加剂管理条例》第十六条、第十七条、第十八条的规定从事经营活动，不得经营和使用未经批准生产的饲料添加剂。

二、凡生产含有药物饲料添加剂的饲料产品，必须严格执行《饲料药物添加剂使用规范》（农业部 168 号公告，以下简称《规范》）的规定，不得添加《规范》附录二中的饲料药物添加剂。凡生产含有《规范》附录一中的饲料药物添加剂的饲料产品，必须执行《饲料标签》标准的规定。

三、凡在饲养过程中使用药物饲料添加剂，需按照《规范》规定执行，不得超范围、超剂量使用药物饲料添加剂。使用药物饲料添加剂必

须遵守休药期、配伍禁忌等有关规定。

四、人用药品的生产、销售必须遵守《药品管理法》及相关法规的规定。未办理兽药、饲料添加剂审批手续的人用药品，不得直接用于饲料生产和饲养过程。

五、生产、销售《禁止在饲料和动物饮用水中使用的药物品种目录》所列品种的医药企业或个人，违反《药品管理法》第四十八条规定，向饲料企业和养殖企业（或个人）销售的，由药品监督管理部门按照《药品管理法》第七十四条的规定给予处罚；生产、销售《禁止在饲料和动物饮用水中使用的药物品种目录》所列品种的兽药企业或个人，向饲料企业销售的，由兽药行政管理部门按照《兽药管理条例》第四十二条的规定给予处罚；违反《饲料和饲料添加剂管理条例》第十七条、第十八条、第十九条规定，生产、经营、使用《禁止在饲料和动物饮用水中使用的药物品种目录》所列品种的饲料和饲料添加剂生产企业或个人，由饲料管理部门按照《饲料和饲料添加剂管理条例》第二十五条、第二十八条、第二十九条的规定给予处罚。其他单位和个人生产、经营、使用《禁止在饲料和动物饮用水中使用的药物品种目录》所列品种，用于饲料生产和饲养过程中的，上述有关部门按照谁发现谁查处的原则，依据各自法律法规予以处罚；构成犯罪的，要移送司法机关，依法追究刑事责任。

六、各级饲料、兽药、食品和药品监督管理部门要密切配合，协同行动，加大对在饲料生产、经营、使用和动物饮用水中非法使用违禁药物的违法行为的打击力度。要加快制定并完善饲料安全标准及检测方法、动物产品有毒有害物质残留标准及检测方法，为行政执法提供技术依据。

七、各级饲料、兽药和药品监督管理部门要进一步加强新闻宣传和科普教育。要将查处饲料和饲养过程中非法使用违禁药物列为宣传工作重点，充分利用各种新闻媒体宣传饲料、兽药和人用药品的管理法规，追踪大案要案，普及饲料、饲养和安全使用兽药知识，努力提高社会各方面对兽药使用管理重要性的认识，为降低药物残留危害，保证动物性食品安全创造良好的外部环境。

中华人民共和国农业部

中华人民共和国卫生部

国家药品监督管理局

二〇〇二年二月九日

附件：禁止在饲料和动物饮用水中使用的药物品种目录

一、肾上腺素受体激动剂

1. 盐酸克仑特罗（Clenbuterol Hydrochloride）：中华人民共和国药典（以下简称药典）2000 年二部 P605。β2 肾上腺素受体激动药。

2. 沙丁胺醇（Salbutamol）：药典 2000 年二部 P316。β2 肾上腺素受体激动药。

3. 硫酸沙丁胺醇（Salbutamol Sulfate）：药典 2000 年二部 P870。β2 肾上腺素受体激动药。

4. 莱克多巴胺（Ractopamine）：一种 β 兴奋剂，美国食品和药物管理局（FDA）已批准，中国未批准。

5. 盐酸多巴胺（Dopamine Hydrochloride）：药典 2000 年二部 P591。多巴胺受体激动药。

6. 西马特罗（Cimaterol）：美国氰胺公司开发的产品，一种 β 兴奋剂，FDA 未批准。

7. 硫酸特布他林（Terbutaline Sulfate）：药典 2000 年二部 P890。β2 肾上腺受体激动药。

二、性激素

8. 己烯雌酚（Diethylstibestrol）：药典 2000 年二部 P42。雌激素类药。

9. 雌二醇（Estradiol）：药典 2000 年二部 P1005。雌激素类药。

10. 戊酸雌二醇（Estradiol Valerate）：药典 2000 年二部 P124。雌激素类药。

11. 苯甲酸雌二醇（Estradiol Benzoate）：药典 2000 年二部 P369。雌激素类药。中华人民共和国兽药典（以下简称兽药典）2000 年版一部 P109。雌激素类药。用于发情不明显动物的催情及胎衣滞留、死胎的排除。

12. 氯烯雌醚（Chlorotrianisene）：药典 2000 年二部 P919。

13. 炔诺醇（Ethinylestradiol）：药典 2000 年二部 P422。

14. 炔诺醚（Quinestrol）：药典 2000 年二部 P424。

15. 醋酸氯地孕酮（Chlormadinone acetate）：药典 2000 年二部 P1037。

16. 左炔诺孕酮（Levonorgestrel）：药典 2000 年二部 P107。

17. 炔诺酮（Norethisterone）：药典 2000 年二部 P420。

18. 绒毛膜促性腺激素（绒促性素）（Chorionic Gonadotrophin）：药典 2000 年二部 P534。促性腺激素药。兽药典 2000 年版一部 P146。激素类药。用于性功能障碍、习惯性流产及卵巢囊肿等。

19. 促卵泡生长激素（尿促性素主要含卵泡刺激 FSHT 和黄体生成素 LH）（Menotropins）：药典 2000 年二部 P321。促性腺激素类药。

三、蛋白同化激素

20. 碘化酪蛋白（Iodinated Casein）：蛋白同化激素类，为甲状腺素的前驱物质，具有类似甲状腺素的生理作用。

21. 苯丙酸诺龙及苯丙酸诺龙注射液（Nandrolone phenylpropionate）：药典 2000 年二部 P365。

四、精神药品

22.（盐酸）氯丙嗪（Chlorpromazine Hydrochloride）：药典 2000 年二

部 P676。抗精神病药。兽药典 2000 年版一部 P177。镇静药。用于强化麻醉以及使动物安静等。

23. 盐酸异丙嗪（Promethazine Hydrochloride）：药典 2000 年二部 P602。抗组胺药。兽药典 2000 年版一部 P164。抗组胺药。用于变态反应性疾病，如荨麻疹、血清病等。

24. 安定（地西泮）（Diazepam）：药典 2000 年二部 P214。抗焦虑药、抗惊厥药。兽药典 2000 年版一部 P61。镇静药、抗惊厥药。

25. 苯巴比妥（Phenobarbital）：药典 2000 年二部 P362。镇静催眠药、抗惊厥药。兽药典 2000 年版一部 P103。巴比妥类药。缓解脑炎、破伤风、士的宁中毒所致的惊厥。

26. 苯巴比妥钠（Phenobarbital Sodium）。兽药典 2000 年版一部 P105。巴比妥类药。缓解脑炎、破伤风、士的宁中毒所致的惊厥。

27. 巴比妥（Barbital）：兽药典 2000 年版一部 P27。中枢抑制和增强解热镇痛。

28. 异戊巴比妥（Amobarbital）：药典 2000 年二部 P252。催眠药、抗惊厥药。

29. 异戊巴比妥钠（Amobarbital Sodium）：兽药典 2000 年版一部 P82。巴比妥类药。用于小动物的镇静、抗惊厥和麻醉。

30. 利血平（Reserpine）：药典 2000 年二部 P304。抗高血压药。

31. 艾司唑仑（Estazolam）。

32. 甲丙氨脂（Meprobamate）。

33. 咪达唑仑（Midazolam）。

34. 硝西泮（Nitrazepam）。

35. 奥沙西泮（Oxazepam）。

36. 匹莫林（Pemoline）。

37. 三唑仑（Triazolam）。

38. 唑吡旦（Zolpidem）。

39. 其他国家管制的精神药品。

五、各种抗生素滤渣

40. 抗生素滤渣：该类物质是抗生素类产品生产过程中产生的工业三废，因含有微量抗生素成分，在饲料和饲养过程中使用后对动物有一定的促生长作用。但对养殖业的危害很大，一是容易引起耐药性，二是由于未做安全性试验，存在各种安全隐患。

附录 11

中华人民共和国农业部公告

（第 193 号）

为保证动物源性食品安全，维护人民身体健康，根据《兽药管理条例》的规定，我部制定了《食品动物禁用的兽药及其他化合物清单》（以下简称《禁用清单》），现公告如下：

一、《禁用清单》序号 1～18 所列品种的原料药及其单方、复方制剂产品停止生产，已在兽药国家标准、农业部专业标准及兽药地方标准中收载的品种，废止其质量标准，撤销其产品批准文号；已在我国注册登记的进口兽药，废止其进口兽药质量标准，注销其《进口兽药登记许可证》。

二、截至 2002 年 5 月 15 日，《禁用清单》序号 1～18 所列品种的原料药及其单方、复方制剂产品停止经营和使用。

三、《禁用清单》序号 19～21 所列品种的原料药及其单方、复方制剂产品不准以抗应激、提高饲料报酬、促进动物生长为目的在食品动物饲养过程中使用。

食品动物禁用的兽药及其他化合物清单

序号	兽药及其他化合物名称	禁止用途	禁用动物
1	β-兴奋剂类：克仑特罗 Clenbuterol、沙丁胺醇 Salbutamol、西马特罗 Cimaterol 及其盐、酯及制剂	所有用途	所有食品动物
2	性激素类：己烯雌酚 Diethylstilbestrol 及其盐、酯及制剂	所有用途	所有食品动物

（续表）

序号	兽药及其他化合物名称	禁止用途	禁用动物
3	具有雌激素样作用的物质：玉米赤霉醇 Zeranol、去甲雄三烯醇酮 Trenbolone、醋酸甲孕酮 Mengestrol，Acetate 及制剂	所有用途	所有食品动物
4	氯霉素 Chloramphenicol 及其盐、酯（包括：琥珀氯霉素 Chloramphenicol Succinate）及制剂	所有用途	所有食品动物
5	氨苯砜 Dapsone 及制剂	所有用途	所有食品动物
6	硝基呋喃类：呋喃唑酮 Furazolidone、呋喃它酮 Furaltadone、呋喃苯烯酸钠 Nifurstyrenate sodium 及制剂	所有用途	所有食品动物
7	硝基化合物：硝基酚钠 Sodium nitrophenolate、硝呋烯腙 Nitrovin 及制剂	所有用途	所有食品动物
8	催眠、镇静类：安眠酮 Methaqualone 及制剂	所有用途	所有食品动物
9	林丹（丙体六六六）Lindane	杀虫剂	所有食品动物
10	毒杀芬（氯化烯）Camahechlor	杀虫剂、清塘剂	所有食品动物
11	呋喃丹（克百威）Carbofuran	杀虫剂	所有食品动物
12	杀虫脒（克死螨）Chlordimeform	杀虫剂	所有食品动物
13	双甲脒 Amitraz	杀虫剂	水生食品动物
14	酒石酸锑钾 Antimonypotassiumtartrate	杀虫剂	所有食品动物
15	锥虫胂胺 Tryparsamide	杀虫剂	所有食品动物
16	孔雀石绿 Malachitegreen	抗菌、杀虫剂	所有食品动物
17	五氯酚酸钠 Pentachlorophenolsodium	杀螺剂	所有食品动物
18	各种汞制剂包括：氯化亚汞（甘汞）Calomel、硝酸亚汞 Mercurous nitrate、醋酸汞 Mercurous acetate、吡啶基醋酸汞 Pyridyl mercurous acetate	杀虫剂	所有食品动物

（续表）

序号	兽药及其他化合物名称	禁止用途	禁用动物
19	性激素类：甲基睾丸酮 Methyltestosterone、丙酸睾酮 Testosterone Propionate、苯丙酸诺龙 Nandrolone Phenylpropionate、苯甲酸雌二醇 Estradiol Benzoate 及其盐、酯及制剂	促生长	所有食品动物
20	催眠、镇静类：氯丙嗪 Chlorpromazine、地西泮（安定）Diazepam 及其盐、酯及制剂	促生长	所有食品动物
21	硝基咪唑类：甲硝唑 Metronidazole、地美硝唑 Dimetronidazole 及其盐、酯及制剂	促生长	所有食品动物

注：食品动物是指各种供人食用或其产品供人食用的动物。

二〇〇二年四月九日

附录 12

中华人民共和国农业部公告

（第 1519 号）

　　为加强饲料及养殖环节质量安全监管，保障饲料及畜产品质量安全，根据《饲料和饲料添加剂管理条例》有关规定，禁止在饲料和动物饮水中使用苯乙醇胺 A 等物质（见附件）。各级畜牧饲料管理部门要加强日常监管和监督检测，严肃查处在饲料生产、经营、使用和动物饮水中违禁添加苯乙醇胺 A 等物质的违法行为。

　　特此公告。

　　附件：禁止在饲料和动物饮水中使用的物质

二〇一〇年十二月二十七日

附件：禁止在饲料和动物饮水中使用的物质

　　1. 苯乙醇胺 A（Phenylethanolamine A）：β - 肾上腺素受体激动剂。

　　2. 班布特罗（Bambuterol）：β - 肾上腺素受体激动剂。

　　3. 盐酸齐帕特罗（Zilpaterol Hydrochloride）：β - 肾上腺素受体激动剂。

　　4. 盐酸氯丙那林（Clorprenaline Hydrochloride）：药典 2010 版二部

P783。β－肾上腺素受体激动剂。

5. 马布特罗（Mabuterol）：β－肾上腺素受体激动剂。

6. 西布特罗（Cimbuterol）：β－肾上腺素受体激动剂。

7. 溴布特罗（Brombuterol）：β－肾上腺素受体激动剂。

8. 酒石酸阿福特罗（Arformoterol Tartrate）：长效型 β－肾上腺素受体激动剂。

9. 富马酸福莫特罗（Formoterol Fumatrate）：长效型 β－肾上腺素受体激动剂。

10. 盐酸可乐定（Clonidine Hydrochloride）：药典 2010 版二部 P645。抗高血压药。

11. 盐酸赛庚啶（Cyproheptadine Hydrochloride）：药典 2010 版二部 P803。抗组胺药。

附录 13

已公布 151 种食品和饲料中非法添加名单

2011 年 4 月，为严厉打击食品生产经营中违法添加非食用物质、滥用食品添加剂以及饲料、水产养殖中使用违禁药物，卫生部、农业部等部门根据风险监测和监督检查中发现的问题，不断更新非法使用物质名单，已公布 151 种食品和饲料中非法添加名单，包括 47 种可能在食品中"违法添加的非食用物质"（表 1）、22 种"易滥用食品添加剂"（表 2）和 82 种"禁止在饲料、动物饮用水和畜禽水产养殖过程中使用的药物和物质"的名单。

根据有关法律法规，任何单位和个人禁止在食品中使用食品添加剂以外的任何化学物质和其他可能危害人体健康的物质，禁止在农产品种植、养殖、加工、收购、运输中使用违禁药物或其他可能危害人体健康的物质。这类非法添加行为性质恶劣，对群众身体健康危害大，涉嫌生产销售有毒有害食品等，依照法律要受到刑事追究，造成严重后果的，直至判处死刑。

表 1　47 种可能在食品中"违法添加的非食用物质"名单

序号	名称	可能添加的食品品种	检测方法
1	吊白块	腐竹、粉丝、面粉、竹笋	GB/T 21126-2007 小麦粉与大米粉及其制品中甲醛次硫酸氢钠含量的测定；卫生部《关于印发面粉、油脂中过氧化苯甲酰测定等检验方法的通知》（卫监发〔2001〕159 号）附件 2 食品中甲醛次硫酸氢钠的测定方法
2	苏丹红	辣椒粉、含辣椒类的食品（辣椒酱、辣味调味品）	GB/T 19681-2005 食品中苏丹红染料的检测方法高效液相色谱法

（续表）

序号	名称	可能添加的食品品种	检测方法
3	王金黄、块黄	腐皮	
4	蛋白精 三聚氰胺	乳及乳制品	GB/T 22388-2008 原料乳与乳制品中三聚氰胺检测方法 GB/T 22400-2008 原料乳中三聚氰胺快速检测液相色谱法
5	硼酸与硼砂	腐竹、肉丸、凉粉、凉皮、面条、饺子皮	无
6	硫氰酸钠	乳及乳制品	无
7	玫瑰红 B	调味品	无
8	美术绿	茶叶	无
9	碱性嫩黄	豆制品	
10	工业用甲醛	海参、鱿鱼等干水产品、血豆腐	SC/T 3025-2006 水产品中甲醛的测定
11	工业用火碱	海参、鱿鱼等干水产品、生鲜乳	无
12	一氧化碳	金枪鱼、三文鱼	无
13	硫化钠	味精	无
14	工业硫磺	白砂糖、辣椒、蜜饯、银耳、龙眼、胡萝卜、姜等	无
15	工业染料	小米、玉米粉、熟肉制品等	无
16	罂粟壳	火锅底料及小吃类	参照上海市食品药品检验所自建方法
17	革皮水解物	乳与乳制品 含乳饮料	乳与乳制品中动物水解蛋白鉴定－L（－）－羟脯氨酸含量测定（检测方法由中国检验检疫科学院食品安全所提供。该方法仅适应于生鲜乳、纯牛奶、奶粉。联系方式：Wkzhong@21cn.com）
18	溴酸钾	小麦粉	GB/T 20188-2006 小麦粉中溴酸盐的测定 离子色谱法

（续表）

序号	名称	可能添加的食品品种	检测方法
19	β–内酰胺酶（金玉兰酶制剂）	乳与乳制品	液相色谱法（检测方法由中国检验检疫科学院食品安全所提供。联系方式：Wkzhong@21cn.com）
20	富马酸二甲酯	糕点	气相色谱法（检测方法由中国疾病预防控制中心营养与食品安全所提供）
21	废弃食用油脂	食用油脂	无
22	工业用矿物油	陈化大米	无
23	工业明胶	冰淇淋、肉皮冻等	无
24	工业酒精	勾兑假酒	无
25	敌敌畏	火腿、鱼干、咸鱼等制品	GB/T 5009.20–2003 食品中有机磷农药残留的测定
26	毛发水	酱油等	无
27	工业用乙酸	勾兑食醋	GB/T 5009.41–2003 食醋卫生标准的分析方法
28	肾上腺素受体激动剂类药物（盐酸克伦特罗，莱克多巴胺等）	猪肉、牛羊肉及肝脏等	GB/T 22286–2008 动物源性食品中多种 β–受体激动剂残留量的测定，液相色谱串联质谱法
29	硝基呋喃类药物	猪肉、禽肉、动物性水产品	GB/T 21311–2007 动物源性食品中硝基呋喃类药物代谢物残留量检测方法，高效液相色谱—串联质谱法
30	玉米赤霉醇	牛羊肉及肝脏、牛奶	GB/T 21982–2008 动物源食品中玉米赤霉醇、β–玉米赤霉醇、α–玉米赤霉烯醇、β–玉米赤霉烯醇、玉米赤霉酮和赤霉烯酮残留量检测方法，液相色谱—质谱/质谱法
31	抗生素残渣	猪肉	无，需要研制动物性食品中测定万古霉素的液相色谱—串联质谱法

（续表）

序号	名称	可能添加的食品品种	检测方法
32	镇静剂	猪肉	参考GB/T 20763-2006猪肾和肌肉组织中乙酰丙嗪、氯丙嗪、氟哌啶醇、丙酰二甲氨基丙吩噻嗪、甲苯噻嗪、阿扎哌垄阿扎哌醇、咔唑心安残留量的测定，液相色谱—串联质谱法 无，需要研制动物性食品中测定安定的液相色谱—串联质谱法
33	荧光增白物质	双孢蘑菇、金针菇、白灵菇、面粉	蘑菇样品可通过照射进行定性检测 面粉样品无检测方法
34	工业氯化镁	木耳	无
35	磷化铝	木耳	无
36	馅料原料漂白剂	焙烤食品	无，需要研制馅料原料中二氧化硫脲的测定方法
37	酸性橙Ⅱ	黄鱼、鲍汁、腌卤肉制品、红壳瓜子、辣椒面和豆瓣酱	无，需要研制食品中酸性橙Ⅱ的测定方法。参照江苏省疾控中心创建的鲍汁中酸性橙Ⅱ的高效液相色谱—串联质谱法（说明：水洗方法可作为补充，如果脱色，可怀疑是违法添加了色素）
38	氯霉素	生食水产品、肉制品、猪肠衣、蜂蜜	GB/T 22338-2008动物源性食品中氯霉素类药物残留量测定
39	喹诺酮类	麻辣烫类食品	无，需要研制麻辣烫类食品中喹诺酮类抗生素的测定方法
40	水玻璃	面制品	无
41	孔雀石绿	鱼类	GB20361-2006水产品中孔雀石绿和结晶紫残留量的测定，高效液相色谱荧光检测法（建议研制水产品中孔雀石绿和结晶紫残留量测定的液相色谱—串联质谱法）
42	乌洛托品	腐竹、米线等	无，需要研制食品中六亚甲基四胺的测定方法
43	五氯酚钠	河蟹	SC/T 3030-2006水产品中五氯苯酚及其钠盐残留量的测定 气相色谱法

（续表）

序号	名称	可能添加的食品品种	检测方法
44	喹乙醇	水产养殖饲料	水产品中喹乙醇代谢物残留量的测定：高效液相色谱法（农业部 1077 号公告）；水产品中喹乙醇残留量的测定：液相色谱法（SC/T 3019–2004）
45	碱性黄	大黄鱼	无
46	磺胺二甲嘧啶	叉烧肉类	GB/T 20759–2006 畜禽肉中十六种磺胺类药物残留量的测定：液相色谱—串联质谱法
47	敌百虫	腌制食品	GB/T 5009.20–2003 食品中有机磷农药残留量的测定

表2　22种"易滥用食品添加剂"名单

序号	食品品种	可能易滥用的添加剂品种	检测方法
1	渍菜（泡菜等）、葡萄酒	着色剂（胭脂红、柠檬黄、诱惑红、日落黄）等	GB/T 5009.35–2003 食品中合成着色剂的测定　GB/T 5009.141–2003 食品中诱惑红的测定
2	水果冻、蛋白冻类	着色剂、防腐剂、酸度调节剂（己二酸等）	
3	腌菜	着色剂、防腐剂、甜味剂（糖精钠、甜蜜素等）	
4	面点、月饼	乳化剂（蔗糖脂肪酸酯等、乙酰化单甘脂肪酸酯等）、防腐剂、着色剂、甜味剂	
5	面条、饺子皮	面粉处理剂	
6	糕点	膨松剂（硫酸铝钾、硫酸铝铵等）、水分保持剂磷酸盐类（磷酸钙、焦磷酸二氢二钠等）、增稠剂（黄原胶、黄蜀葵胶等）、甜味剂（糖精钠、甜蜜素等）	GB/T 5009.182–2003 面制食品中铝的测定
7	馒头	漂白剂（硫磺）	

（续表）

序号	食品品种	可能易滥用的添加剂品种	检测方法
8	油条	膨松剂（硫酸铝钾、硫酸铝铵）	
9	肉制品和卤制熟食、腌肉料和嫩肉粉类产品	护色剂（硝酸盐、亚硝酸盐）	GB/T 5009.33-2003 食品中亚硝酸盐、硝酸盐的测定
10	小麦粉	二氧化钛、硫酸铝钾	
11	小麦粉	滑石粉	GB/T 21913-2008 食品中滑石粉的测定
12	臭豆腐	硫酸亚铁	
13	乳制品（除干酪外）	山梨酸	GB/T 21703-2008 《乳与乳制品中苯甲酸和山梨酸的测定方法》
14	乳制品（除干酪外）	纳他霉素	参照 GB/T 21915-2008 《食品中纳他霉素的测定方法》
15	蔬菜干制品	硫酸铜	无
16	"酒类"（配制酒除外）	甜蜜素	
17	"酒类"	安赛蜜	
18	面制品和膨化食品	硫酸铝钾、硫酸铝铵	
19	鲜瘦肉	胭脂红	GB/T 5009.35-2003 食品中合成着色剂的测定
20	大黄鱼、小黄鱼	柠檬黄	GB/T 5009.35-2003 食品中合成着色剂的测定
21	陈粮、米粉等	焦亚硫酸钠	GB/T 5009.34-2003 食品中亚硫酸盐的测定
22	烤鱼片、冷冻虾、烤虾、鱼干、鱿鱼丝、蟹肉、鱼糜等	亚硫酸钠	GB/T 5009.34-2003 食品中亚硫酸盐的测定

注：滥用食品添加剂的行为包括超量使用或超范围使用食品添加剂的行为。